白永生 —

气象出版社

内容简介

本书介绍了作者在日本、新加坡、意大利、蒙古、俄罗斯五国的行走见闻，对旅行中所见的各类建筑进行深入解读，反映出当地的历史文化和民俗风情，同时将旅行中的所思所想升华为人生感悟和人性反思。通过作者的步伐和笔端，表达凡人之感伤、快乐及思考，让凡人理解不同建筑及其中的生命力，但求能够与读者产生共鸣，不是鸡汤，但仍希望可以摆渡人生。

本书图文并茂，深入浅出；适用于建筑文化爱好者、历史人文爱好者、旅游摄影爱好者等相关人士。

图书在版编目(CIP)数据

凡人的建筑哲学/白永生著. --北京：气象出版社,2019.2

ISBN 978-7-5029-6911-0

Ⅰ.①凡… Ⅱ.①白… Ⅲ.①建筑哲学-通俗读物 Ⅳ.①TU-021

中国版本图书馆 CIP 数据核字(2019)第 010110 号

凡人的建筑哲学

Fanren de Jianzhu Zhexue

出版发行：气象出版社
地　　址：北京市海淀区中关村南大街 46 号　**邮政编码**：100081
电　　话：010-68407112(总编室)　010-68408042(发行部)
网　　址：http://www.qxcbs.com　**E-mail**：qxcbs@cma.gov.cn
责任编辑：邓　川　吴晓鹏　**终　　审**：张　斌
责任校对：王丽梅　**责任技编**：赵相宁
封面设计：景之怡
印　　刷：北京中石油彩色印刷有限责任公司
开　　本：889 mm×1194 mm　1/32　**印　　张**：5
字　　数：132 千字
版　　次：2019 年 2 月第 1 版　**印　　次**：2019 年 2 月第 1 次印刷
定　　价：28.00 元

自　序｜PREFACE

这是一本关于世界建筑的行走笔记，收录了我于日本、新加坡、意大利、蒙古、俄罗斯五国的行走所见，或多或少，或深或浅，用仅属于自己的角度，来审视，来表述，来引申。本书不代表经典，因为不够全面，虽有著名的建筑，也有普通的民居，但案例还是太少；更不代表深刻，因为我本人并非建筑专业出身，所言专业难以让人信服，但如此为什么还要写呢？可能是我太天真，固执地认为：简单真诚也是一种技法，正是因为不专业，才可放下专业的姿态，能以一个非建筑专业旁观者角度去随思随想，可以恰到好处，因同为普通人，可以与凡人看到同样的节点，也知道凡人所能理解的深度，同时也能了解凡人想要知道的内容，正是这些臆断，才让我得以提笔。望这本书通过我的笔端，表达凡人之感伤、快乐及思考，但求能够与读者产生共鸣，不是鸡汤，但仍希望，可以摆渡人生。

与我的另外一部作品《消失的民居记忆》一样，本书的编写方式同样是图文结合。图之部分，是我在这五年间的行走所见，照片不求高清，因拍摄不专业，也确难达到高清，但求随手和真实，这也是我自认为的优势和自我辩解，能够表达我所看到的内容即可，不去夺文字重点，仅作陪衬；文之部分，则先进行建筑知识的介绍，不求深入剖析，但仍希望读者通过阅读，可对各式建筑能够有所了解，不灌输，也不强求收获，而是顺其自然留存的印象之美，之后配以生活感触和人生思考，让建筑与意识合二为一，则为其中深意。

一、建筑责任。虽然我不是一个建筑师，但毕竟还是一个建筑从业者，自己对于建筑知识可说是：内行中的外行，外行中的内行，真实上也是所知寥寥,或自我猜测,或是查询,确保尽量准确。对于建筑艺术价值的高低评述与事物的好坏评价一样,站在不同的角度给不同的人去看,其实褒贬并不同,泯灭于时光的作品未必不精彩,只是略为可惜,哀之命运;能够传世的作品也难说一定为精品,能够被众人认可,也可能是故意营造出来的千年骗局,从众心理制造出来的效应;而更多的佳作则确实经历了时光雕刻,被凡人大众所认可,堪称杰作。我不去随众人纷纭,但建筑对于我来说还是心存责任,会站在自我的角度,虽不敢妄谈高度与内在,也不愿仅远观不语,仍希望说点大白话,表达自己的看法,分享自己的心得,但求不误人子弟,对读者有所裨益即可。

如果说建筑知识的普及只能属于专业的途径,那么这个门槛太高,也难面面俱到,因为建筑师的专业性太强,建筑术语难免流于纸面化和专业化,难于写就建筑的灵魂,建筑本身所富含的灵魂元素与人生并无两义,在设计建造阶段,其精神已经深深融入,建筑本身即为一个人的人生哲理,建筑师的设计理念则为建筑“出生”时的样子,建筑师老去时,建筑也会随之衰老,随之改变,也会在老时展示老去的想法。而我愿意用自己的无知,表达建筑的灵魂,把我与建筑的对话留于笔端,所记述的这些文字,不代表一定正确,但确实已用心,望可以感动建筑,打动人心,灵魂不仅属于建筑,也是属于过往记忆中消逝的那一部分。

二、建筑类别。我去过的地方并不多,但很珍惜,每一次能够观望景色的机会,哪怕只有细节,但也尽量把握,对于建筑的美学,不在于是否为大师眼中的伟大与宏伟,确实只是普通人眼中的是否实用和记忆犹新,毕竟我们都是俗人吧,还要现实一点,所以本书的各式建筑,是大杂烩,风格各异,知道众口难调,所以多做了几种口味。

其实想想建筑材料应该不外乎几种,石头的、木头的、砖头的,或是钢铁的,或是几种混合的,从古到今虽一直演变,从早期的西方厚重、东方轻巧,直至如今,东西方建筑技法逐渐融合统一。本书的各种乱入,即没有重点，随意写到哪里都可，不分时代，不分地域，也不分新旧，但有一前提，那就是建筑还在使用，或陈旧或崭新，或破败或惊艳，但求能够让读者有一点收获，能够对建筑门类有所了解，可对建筑的前生往事能有情感剧般的感受，充满感情而不生硬。

何为艺术？久了消失的是时间，能够不被磨灭的则是艺术，建筑则因为能够留存，即为人们对其的认可，则为艺术品。如这些我眼中的建筑，类别完全不同，辉煌的教堂、坚固的木屋、饱含回忆的蒙古包、和风依旧的日式民居、现代施工技艺的滨海湾金沙酒店等，其实并不多，确实也不够全面，但用来以偏概全挺好，点到为止，或更有味道，多则生厌。

三、时间顺序。本书的写作流线来自于时间先后，即为行走时的先后顺序，也是阅读顺序，但读者可能会有时光反复穿梭的感觉，什么原因？因为写作时间恰恰倒置，本来没有想过修改，随当时写作的内容其实即可，行走时间始于五年前的 2012 年，本书结于 2017 年，但在五年间，人生巨变，不代表生活，而是思想，生活的一成不变是这五年中的主题，但是思想的变化却是看不见的暗流，内心的挣扎不仅只有自己可见，也可见于我的《人生百天》一书，结果时至今日，可说是物是人非，重生抑或消亡，其实已并不重要，思想的重建与文字的理解纠缠在一起，让我已然蜕变——一个连自己都想象不到的样子，所以于文字的修改还是必然，越是接近当下，越是感触深刻，所以还向读者致以歉意，这种思想的跳跃虽然错乱，却是本书能够带给读者的一份片尾彩蛋，结束不代表完结，其实只是一个新故事的开始。

四、建筑理想。在书中会有详细描述，当生命时至 40 岁，再谈理想自己都觉得略微可笑，但是有开始就会有结束，把该做完的梦继续做完，则是生活剧情的一部分。行走始于建筑理想，动力在于对建筑的热爱，虽然与之无缘，终于放弃，试过坚持，终于也还可以做个红颜知己，有些不能够坚持的事情，还要学会适当放下，但并不是因为这些理想不再吸引人，而是人都在改变，理想再美，当努力之后仍没有成果，就要学会放弃，其实也并没错，总不至于连朋友的都没得做，这也许是人变成熟的表现吧。

面对浮躁这种社会普遍现状，我并不想去埋怨，改变世界太难，谁都年轻过，我们曾经也被称为"垮掉的一代"，但现在不也长大了吗？有了责任感，用宽容的心态去面对不同的处境，做好自己，因为我们就是榜样，故先从改变自己开始。我深知这样的书未必会有众多的读者群，但是总归会有，现在有，未来可能会更多，灵魂层面的对话，内容并不是无病呻吟，是关于每个人的人生经历，只是有些人经历过了，有些人会有感触，有些人尚在未来。

精疲力竭，每次完成一本书，于我而言，都会是一种身心交瘁，其疲惫可能并非源自写作本身，更加熬人的部分其实是精神层面的反复拷问，自虐的深度可歌可泣，也是无奈，因这期间遭遇事情之多，是过往 20 年所不具备的。年少虽然轻狂，但却是柔韧性好，即便受打击也可以快速恢复，血管仍有弹性，生活不留痕迹。而 40 岁则全然不是，焦虑占据着心头，纠结覆盖着生活，道理已明，尚不能完全放下，上有老下有小的这种担子，催促的不是长大，而是催人老，身心俱疲之下，转型艰难，但年轻时的梦想尚需要画上句号，不想草草了事，事实却还是心比天高、命比纸薄。粗糙的灵魂，如何雕琢得了细玉，已经尽力，那就放下继续前行吧，人生总不能停滞不前，但可以放弃，自认为是个终点就好，不能太在意所谓的完美。不了解的未来有不了解的新建筑，那时候我们再见，故看建筑就是看人生，其实并不为过。

白永生

2017 年 12 月 7 日

目　录 | CONTENTS

2. 新加坡之节能与共享

3. 意大利之传承与创造

4. 蒙古之曾经辉煌

5. 俄罗斯贝加尔湖之波澜与平复

1. 日本之浅行浅感

夜很长，不如无眠，人天涯，怎会匆念。

烟尘般的人生，烟尘般的故事，终究都会消散。

能够体验那种苦痛、快乐的只有自己。

时光只是沉淀。

忽有涟漪，五味杂陈。

冷暖自知，了然于心。

所以何不善待自己，宽容自己。

行程始于 2013 年仲夏，因为我是跟团旅行，所以称之为浅行浅感。短短一周中的浅显接触，能够拿出来说的东西并不多，没有接触日式建筑的内部，如榻榻米之类，也没有接触到真正的日本文化，并没有能够在北海道踏雪而行，没有接触曾经感兴趣的那部分日本历史，因为在暴雨中对京都浅尝辄止，但一切的不圆满，预示着我们可能还会再次相逢，再次了解。对这个国度我们如果抛去那些过往的恩怨情仇，其实我个人还是很喜欢的，一方面是和我们的样子十分相似，只是他们的面容中多了些武士道的执着，更像是徐福东渡之后不同的价值观所造成的性格迥然，性格又直接让容貌有了区别，并不是来说好坏，好坏本来就很难界定，只是所站角度不同而已，但是他们的性格中多少有些固执到了可爱的程度，虽然我并不认同，但是觉得简单的感受、直接的表达，可能对我来说更容易接受。能够留下来的记忆不多，重新修改本文也是 4 年之后的事情，但和那时的感受相比却没有什么变化，只是几年后多了些新的认识，年龄渐大，步履越慢，愈加成熟。与大家分享这些关于日本的印象，曾经见诸报头、书籍、影像，太多地方都有记述，只是在当下，希望这些感触能够对国人有所启发。我很爱国，一直认为学习他国的长处能让我国更快地发展，借鉴他国经验，可少走弯路。

礼仪之邦

在介绍建筑之前看一张照片——日本才有的特殊待遇，虽是介绍礼仪，但于我的眼中则是一种已然过分的表达，但这是所有日本文化的一个集中体现，追求完美，极致到了过分的程度。日本虽是一个善于学习的国家，但是对于中国传统文化有所取舍，有所变通，这是日本没有学到的，有点固执的认真仍被认为是一种美德，这有一定道理，确是好的工业产品的保证，也是正面战场所向披靡的可能，但也是太刚的一种体现，太刚则脆，

不用多解释，二战的历史并不久，成败功过已然有评述。许多时候鱼与熊掌确实不可兼得，有取舍也是性格使然，他们过得简单和习惯就好，因并不存在完美，有得有失，反映的只是这个国家千年来所传承的文化。

当行人穿过人行横道，汽车一般都会避让；在夜间行人通过路口时，等红灯的司机甚至会关灭车灯；当从酒馆出来，酒馆老板会给每个客人深深鞠躬。如果遇到问路的外国人，日本人都很热情，甚至会给你画个地图为你指路，让人十分感动。细细思考，有正面也有负面，一方面可以看作我们的教育尚存差距，另一方面则可理解为这种礼仪的文化已然过头，走向反面，如照片中男店员对于顾客下跪的礼仪，这是我个人无法理解和接受的，毕竟中国文化对于“男儿膝下有黄金”十分看重，也有其道理，凡事做过了就不好。日本多年自杀率居高不下，且年轻人的很多行为方式比较过激，同样也是受压抑后释放的途径，极端地走向了另外一面，让我们很难理解，一个礼貌有加的人，转瞬变成了一个可怕血腥的人，这可能是性格过于要强的一个必然结果，工作压力大但又没有发泄的渠道，要强的人总是会把苦痛藏在心里，一直加载，一直承受，直到崩溃。看清这点后，觉得我自己还是甚为骄傲，学会变通才有重新开始的机会，生活从来不只有一条路或是一种方式，适时地反省，才能有重新开始的机会。

日本石头城

先从传统建筑和文化开始，这张照片摄于大阪城，在日本算是很有名气的一座石头城，其建造者也是耳熟能详，丰臣秀吉——战国三雄之一。对于整体都是木建筑为主的日本古代建筑而言，石头建筑即为一种身份的象征，而且越是高大雄伟越可以证明其主人的地位，丰臣秀吉为一代枭雄，之后的德川家康又对其重建一次，之前的基础都埋在了历史里，但二人应该都配得上如此标准。日本的石头建筑还有几座，位于名古屋城和熊本城，但与大阪城相同，均没有躲过多年来的战火，目前我们所能看到的建筑必然是新建的，我所能够表达的部分也仅限这部分石头砌筑的基础，能够看到的基础应该是德川家康时期重建时候的样子。我大概猜想，战乱火患还是难以毁掉这巨大的石块，曾在我的《消失的民居记忆》一书中对粤北建筑进行过对比，样式相似，但是这几座石头城最大的建筑特点是基础并不是简单的矩形，直上直下，而是一种最佳承受张力的四角外撑的形式，如照片中表达得很清晰，我的言语并不知道如何表述清楚。与欧洲的石头建筑相比这里略有不同，但受力更为合理，也更为有气势，可以称之为霸道角，这种翘角基础为了实现下端外翘，到了上端又要慢慢退入矩形墙体的要求，采用每排四大块矩形条石向上倾斜 5°左右横排，上层则是反方向巨石垂直排布，相互交叉压实，提高墙角稳定性，向上倾角使张力部分指向建筑内部，让建筑更加稳定，在之上逐层减少石块的数量，如其上为三层，再上为两层,逐层缩减,形成退台,直至退成矩形,到外墙截止,整体的基础也就到此为止,已经是十米之高。再上才为砖墙,粉刷为白色,干净且耀眼,可见基础的巨大,宏伟壮观,值得记述。上面新筑部分,虽然精致,但已然不能代表过往的历史,战火摧毁了世间太多珍稀的东西,再厉害的印记也会被冲散,再珍稀的感觉也会被遗忘,不过也留给其重新开始的机会,还好从今往后印象都可以留存,历史的印记不再被猜测。

日本御手洗

日本御手洗,这应该是当地的直接翻译,与厕所的日文写法相同,但用在神社等地时,意义大为不同。在进入神圣的地方之前需要清洗双手及漱口,具体的操作流程一般会有标志,即便实在看不懂,上网搜索也会有详细的描述,流程十分严格。当然对于我这个中国游客来说不太能理解,但洗手和漱口还是必要的礼节,表示尊重。宗教信仰在日本还算宽松,多为鉴真东渡留下的佛教与在其之上发展而来的神教。与一切宗教信仰相同的是信徒的认真和虔诚,这在我参加的神社活动中清晰可见,现场鸦雀无声,即便是游客也觉得庄重而神圣,这可能是信仰本身要求的气场。我很好奇御手洗作为一种风俗习惯的遗存,应该并不只是现代产物,而应该是几百年前没有水泵的时代就该有了,那么这是泉水还是自来水呢?无法解释,看不出来,石槽设于中间,有竹制的水龙头,并无开关,如泉水般缓缓流淌,石槽上多设置两根竹架,便于放置水瓢,水瓢可为木质的,也可以是金属的,水槽四周设有泄水孔,保证槽内水位固定,泄流出来的水则会沿四周坡面慢慢散去,并不积水。最外侧设有用石头砌筑的小沟,承接泄水。

整体而言,这不是建筑,但却是我能看到的日本文化之留存,这部分传承得很好,因材质我总觉得与建筑有关,才拿来说说。与其说建筑的完

整性很难保留,那么应该更多关注于这些尺寸不大的物件,不知不觉中并不为人破坏,材质又经得起时间打磨,其间留存的故事是一个民族的文化,也是一个国家建筑手法的显现。

日本神社

另外一个可以记录日本建筑文化的典型场所,就是神社了,神社是日本嫁娶的礼仪场所,而寺庙举行的则是丧葬,所以相对而言神社会更让人觉得开心快乐,这方面传承了中西方风俗习惯的部分内容,又不尽相同,但作为日式传统风俗,其中也是杂糅了关于建筑的风俗和习惯。这里介绍的是牌楼,在日本也被称为鸟居,是指人神的分界线,一般都很有气派。之后是参道,如我们所说的神道一般,参道上会设有成排的灯笼或者酒桶,也会有矗立的石灯,多为曲径通幽,安静异常,神秘且神圣。在我而言这鸟居的意味本就是躁动与平静的分界线,几年过去了,当我看到这个大门,总是能够让我想到参天的树木、看不见的天空、生满苔藓的大石头和永远潮湿的地面;而那潮湿的心灵,涤荡了多年,想到的仍是感动。

在我写这段文字之时,气管依然不舒服,不了解人生的健康债务何时可以偿清,或是越欠越多,直至破产?只是觉得心里太需要一个安静的居所了,每人皆为如此。最近总是尝试在家里种植各种植物,但是屡屡失败,心里对于生命的渴望可能在这个时候远胜于其他,像一个即将绝望的人,周边慢慢黑暗,但我不能放弃啊!我的内心依然如此光亮,生命如此多彩,虽然可能会觉得天妒英才,但其实命运终是自己造就,我尚需要寻找出口,那些曾经死里逃生的人,其实只是多了一种不可放弃的念头。生命和未来均是自己亲手造就的,放下躁动,放下悸动,放下颤动,其实我还是需要到鸟居走一走,神界即是我内心的静怡,挣扎终究不是办法,还是需要简化,放下不必要的牵绊。

回头再说鸟居,其实就是我们常说的牌楼,只是日本化了,形式也有所变化,作用与牌楼是相似的。一座寺庙会有多个牌楼,神社也会有多重鸟居,牌楼会设置多层,鸟居同样也会分多层,但更常见的则是图中的两层,两柱两梁的结构,上层梁可向上翘角。与大阪城的石头城相似,都是一种气势上的表达，并且双层叠加，分别被称为笠木和岛木，下层被称为贯木，中间会同牌坊一样设置一个短支，位于两层梁结构之间，被称为额。其作用与牌楼也是相同，可以悬挂匾牌，额枋、立柱与贯木、岛木均为榫卯连结，只是所见的并不多，倒是三颗门簪让我想起了老北京的广亮大门。建筑地域差异巨大，但居然还有如此相似的建筑手法，也算是天下建筑大同吧。

一压以青苔木古

一压以青苔木古，门的概念，此照片拍摄点是京都，日本古典文化聚集之地。这里只是局部，不能表达日式建筑大门的全貌，但仅是局部已然足以表示其对中国建筑的引用和味道，十分类似，表达不全但可一窥。门有雕花，如广亮大门有门梁，上有门簪，但飞椽、连椽表达不清楚，檐板则由宽薄木板拼接，但其之上从照片中并没有看到飞椽，而是采用一种厚的木皮，因为极像，故如此猜测，也因为有了植物的生长，才是照片想要表达的重点。见惯了飞椽、连椽、檐板的门头和檐口表示，换一种思路岂不是更好，因为更有意境，表达的是日式古建筑自带的一种质朴的情怀。青草无痕，成就了荒苔满溢，一层又一层，一载又一载，上方有我喜欢的虚心之竹，两排圆竹撑顶，两层圆竹之间夹方木固定，用麻绳打结固定，没有一丝现代感，充满怀旧。

屋顶之上屹立着一棵小苗，婆娑中婀娜欲动，成为这张照片的主

人。流逝的时间,过往无痕,看到当年的影子,我不想说人生如梦、光阴似箭,只想说,难改的习惯,如小苗般,可能不知道未来本就没有空间,但何必为未来而郁闷。当下如此洒脱不也是人生的表演,即便仅是一季,或是一生,但不去灿烂地生活,怎么能叫绽放,即便未来无途无径,但过好当下是多么重要。今天我想我可能并不曾拥有什么,或不为未拥有什么而自卑,但想想一瞬间的开心是多么难得,从另外一个角度来看,每一个瞬间都是人生,值得用来欣赏和享受,我们应该感恩生命。

商社印象

老式日本商铺,很典型,在于其双层的檐。在日本的建筑中非常普遍地用到了双层的檐,檐角可见立柱,支撑檐板,在中国被称为重檐庑殿顶,相当于是双层建筑。日本的普通商铺,自然重檐的高度很低,并不能为人居住,甚至难以开窗,可以猜测是放置货物的场所,顶部较为考究,与我们常用的乌瓦堆叠造型不同,屋脊采用了 T 形砖,相互咬合,多层砌筑,可能也是其越高地位越高的意思。老式的门板其实不仅是日本商铺或是居室

的特点，也让我想起了曾经走过的家乡，想起了门口蹲着的那条狗，安逸中见证着过去的辉煌和当下的冷落，其实很类似，唯一不同的是那已是一座废弃的商铺，而这座依然有人打理，颇为感叹。珍视现在，留好老物件，那么它就还会在你的生活里，拥抱现代，其实并不是因为你被新事物所吸引，而是你的内心浮躁，被诱惑而已，其实哪里来的现代之美，也是借口，谁都是喜新厌旧，但再美也会老去，只有居住久了，才有感情，才属于你。

有人说富不过三代，是因为我们抛弃得过早，总去寻找新的思维，开拓新的道路。其实每一个建筑也好，每一个家风也好，每一种性格也好，独一无二的才是本真，曾经辉煌的就是它的根源，如今不能继续，只是因为后来人并不再懂他的内在，而如果可以继续前行，只是因为更换了一种内涵。见不到的未来与守不住的今天，是一种新老交替的病痛，能够留存一栋老宅，其实是内心不为所动、坚定的一种表现，为人要拙，而不可太聪明，太聪明容易放弃，容易选择，也容易失去，因渴望的大多可以拥有，但失去的却难以挽回。

千年斗拱

一栋制作十分精致的斗拱结构建筑，相当新，但确是一座老建筑，应该是一座大的神社。日本对于古建筑的保护做得还是相当不错的，虽也是历经战乱，但是尚有很多中国唐代时期遗留的斗拱形式的建筑，也是属于他们的荣耀，反衬出我们的悲哀，我们的文化，被人传承的并不算多，古建筑也在被提倡保护，但从某种角度来看,那些修补之后的建筑,更像是重建。不得不说,日本建筑的维护更有意义,他们并没有改动建筑的本体,而仅是每隔两年对建筑进行重刷油漆,防止蛀虫生锈,并每隔十几年大修一次,因为时间间隔较短,会让其造型尽可能保留原样,很值得学习。

如教科书般,对这座建筑仅做简单介绍,坐斗为底,拱及翘(横竖)坐其上,上方为升,如加长和更高的拱;其上为昂,向下斜过一定的角度,为的是与屋面的坡度一致;再上则就是檐梁下的斗拱,大同小异,撑起了檐梁,屋檐很长,也是标准的飞椽和檐椽构成,但不同点是里侧的檐椽挑出很多,在前面的飞椽亦是如此,让整个屋顶显得巨大擎硕。墙体部分则是标准的梁枋结构,梁指木结构屋架中顺着前后方向架在柱子上的长木,枋则指在两柱之间起联系作用的方形木材,梁、柱、枋构成了木质古建最基础的笼形框架,也是木质建筑的精髓部分。常感叹时光催人老,有些书籍才过了二十几年,已经是霉味四溢。房屋稍好,寿命可为一代,或是几代,也需要翻新,实在不行则是重建,如此时代更迭,我们看到了朝露,也体味了晚霞。生命不长,无法看到时光的过去,无法看到这些老屋的曾经,所以这样的建筑更让人诧异,可能它也是翻新,但表达得清晰,能够让人在过去与现在之间徜徉,还是可以倾听,还是可以诉说,还是可以追问,还是可以怀疑,与过往有纠葛的建筑才是一栋还活着的建筑。保护建筑的话说多了啰唆,但求能够留下来的那些遗存,可以被我所发现,可以让我所感悟,可以让我去拥抱,也可以让我发呆静默。

老人之国

日本是目前世界平均寿命最长的国家,在各个行业都有老年人在工作。交通、餐饮等更是老年人聚集的行业,最不可思议的是如长途汽车司机这么辛苦的职业,每天注意力高度集中十几个小时,年轻人都未必做得

好,但这些老人却做得很好。这个事情很值得思考,人老了以后到底该做什么。国内早前关于延迟退休的争议一直不绝于耳,而现状是国内的老人退休后基本都是锻炼身体或带带孩子,也有人会完成一点上班时没有完成的愿望。但在日本我更多看到的是没有固定的退休年龄,如果你喜欢可以继续工作,可能并不是因为生活所迫,或许我自己并不了解,但与我的想法还是十分相似。站在39岁的档口,已经是一个半残的身体,但依然妄想着活到老干到老,也算是恣情妄意。我觉得工作是保持活力的好方式,虽然听起来不甚人情,但是老人确实需要让脑子和身体都活动起来。一个脱节于社会的人很快就会被社会遗忘,甚至再也追不上社会的脚步,同时需要与人多些沟通,这样或许更不易产生老年痴呆并更利于长寿。但是换个话说,如果追赶就一定能追赶上吗?前面的一个建议写在4年前,后一个问题则写在2017年,一切的变化让我的心态也发生了巨大的变化,不能再跟上社会的步伐是我现在面临的问题,而在4年前还完全不是如此。前几天买了一台笔记本电脑,但是Windows 10操作系统,我却怎么也玩不转,从内心的角度来说已经产生抗拒,从精力的角度来看,已然自我选择了拒绝,所以面对两个不同的思维方式,所站的角度和立场,即便是同一个人,在过了几年之后都会发生变化,更别说不同人,这是值得思考的。当下只能是走一步看一步,不像是曾经那么天真烂漫,不过有一点是需要明白的,不能轻易放弃当下所拥有的,重新开始是需要付出代价的;另外一点则是实现梦想并不一定越早越好,还是顺其自然的好一些,太过勉强,未必能做好,其实一切的结果都是最好的安排,留着念想就好。

如果说老年人还在辛勤地工作,那年轻人运动,更值得国人学习。走在公园,随处可见在跑步的中、青年人。在日本除了相扑运动员外极少见胖人,主要的原因之一是饮食的关系,日本人的饮食习惯中含有油脂的食物很少,每天早上的电视节目都是教你如何养生;另一个原因就和运动有关了,每个公园和街道常常可见到跑步的人。很早我国就有人提出全民运动比能拿几块奥运会金牌更为重要,这才是全民素质提高的关键。相比崇尚健身房的运动方式我更赞成跑步,面对着各样年轻人的猝死,其实可以想象 30 年前的日本也是一样。改变从那时开始,如今天的觉悟,也是惨痛的经历,已然看到,还是及早行动起来,从自己开始做起并且坚持下去吧。

实用美学

这张照片是我很喜欢的一个布图,与建筑却似关联不大。门上草鞋,五颜六色,挂于神社侧墙,草鞋或已不为人使用,但我认为这可能是一种对于辛劳的肯定和回味,摆在这里和木门相得益彰,容我琢磨,配图来自于设计者的感悟,源自细致的内心。日本的工业设计确实不错,不是说有多复杂,而是在一些细节方面做得更实用精巧,这点值得我们思考。任何设计都是需要从功能出发,先除去花哨的外表,自然体现出美,如此草鞋并非没有见过,但如此大大小小,颜色各异,傍柱而置,摆拍起来,确是随意中的美。柱上留下的那些字迹,该是很久之前的,所见之“延寿”字样居多,祈福之意明了,不了解当事人,是否心愿了成。对于生命的渴望,全天下皆准,并不为过,当下的我,更加理解这种挣扎和渴望,挂起草鞋,简单生活,去除烦恼,留下平静于内心,可能是对保持身体健康最直接明了的答案,胜于吃过什么水果,有过多少锻炼,也许很多事情无头绪,但是答案就是如此简单吧。

而设计也是如此，简单为真谛，当你把功能和美学完美地结合在一起，用最简单的方式满足功能，就是一个简单但高明的设计。这能让我想到国内的建筑精品，如天坛这样的建筑，美学极致，并不多见，美与声学、力学、风水学等多种功能性统一体现，九龙壁可以产生回声，其实并不偶然，只是一些简单功能的实现，累加之后，则使其成为必然。当有半瓶水之后，不可焦躁，还是要好好努力，简单、实用、科学才是设计的方向，是由复杂而来，一种水到渠成的自然。避繁就简不只是一句空话，而是把书读厚再读薄的过程，大多数人早已放弃，就像为人之道，需要历练。

路面渗水设计

日本的路面大致分为两种，一种如国内公路硬化路面，使用一种类似于沥青的材料，内部多孔且透水；另一种如国内的卵石或水泥砖便道等路面，多采用下层硬质三合土表层配细石子。这两种方式都有效地解决了暴雨时雨水快速下渗的问题，从而不造成各种路面积水。照片中的白砂路面出现在东京的皇宫附近和几座较大的神社广场，白砂路面由于有细石的存在也不至于道路变得泥泞，尤其让我记忆犹新。对于渗水功能的实现，其实做法很多，但我仍然不解于国内城市暴雨时的内涝成因，因为毕竟这些年一直在改善，但是能看到的效果并不明显。最近一年是在推广综合管沟，估计实现地下大型泄水通廊也不会等太久了，但我想说的是：心疼路面。对比日本的管廊或者下水道，整体而言还是一次性设计到位的，我们即便模仿或者学习，所站的角度大多是破坏现有的路面和管线来弥补性设计，这本身就是存有问题的，因为破坏路面就存在浪费，而重新修补的路面又存在路基不能够夯实、渗水后形成空洞的问题，常见二次塌方，不光我见过，也常见于报端，但是鲜有人去追责，所以前期规划的合理性和超前性，可能是最佳的解决方案。维持现有的城市平衡是当下的不情之请，更改并无意义，只能带来更多的破坏，地下管线太过烦琐，一发而牵动全身，实际不可能实现，并非最佳的解决办法，新城的开发则需要考虑未来城市的规模进行管网和排水的整体提前设计。

对于一个设计师，技艺和能力其实并非是最为重要的，良心和坚持才是成就他的必要因素，不能随波逐流而失去基本的原则，当然我知道这很难。每每想到行走在白砂路面上，总有石子卡在鞋里，还走不快，当时才明白这是需要行者走得慢点，多点时间去思考，可能这也是设计师的苦衷，而非一路向北，不回头不停息。事之有道，万物无声，不能慢慢放下自己的脚步，就让石子来拉扯你，其实也是可爱至极。建筑之美在于阴柔，建筑之美也在于阳刚，看你用在哪里。

传承和发展

商铺和酒馆的标配:暖帘和风铃,最具日式浪漫的两个物件。暖帘最初出现在镰仓时代,大约在一千年前,从发音来看,原词来自于中文,本来是用来遮风挡雨的。商铺上面的文字,每个都是书法劲道,代表着店名或者风格,人低头而入也是一种谦虚和谨慎。至于风铃的出现,时间也不短,与日本的钢铁技术同时兴起。让我留下印象很深的是一休哥布娃娃风铃,每次随风一动,慢慢勾起母亲的思绪,感情细腻至今,这种表达方式我很喜欢,让我总是柔和中淡淡带着暖意。日式风格不仅体现这个国家小资的装饰风格,更是一种文化的坚持,这种风格永不落伍,是因为源自内心简单的表达,从一而终,即源于国民风格。这是一个宗教信仰并不是特别明显的国家,但人们崇尚极致的信仰却丝毫不减,每个角落都是杂而不乱,要求极高;也是因为民族单一,文化发展纯粹而平稳,威胁到它的因素不多,虽然中国古典文化和西方文化影响至深,但却是只吸纳优良之处,保留了传统。虽数百年间战乱也并不少,基于木质结构的房屋,留存下来也有难度,大火会毁坏,地震同样会毁坏,身处弹丸之地的日本人也是不易,但文化的传承并未变味,各地的古建筑大多保存完好;比如京都的神社和寺庙,对于自身文化的传承做得很好,甚至可以说做到了极致,因为这不是俄罗斯的大木头,也不是意大利的大石块,只是小木板屋。现代化的建筑和现代工业设计改变了城市的样子,但依然可见穿着和服的女子和使用榻榻米的生活方式,并不遥远,还在现实生活中,不只是在影视剧中的展示。对于本民族的文化教育切实从孩子抓起,孩子的教育更多以传统和礼仪教育为主,而非奥数之类,通过教育将文化和习俗传承下去。每每看到那些日文中的繁体字,就深感遗憾,我们即将失传的文化,正在被别人传承,是多么痛心。

磯
一
真珠貝
貝柱串焼き 500
いか焼き 500
たこ串焼き 500
貝
三兄弟 1100
貝
五家族 2000
唐揚げ
ふぐ
うつぼ
700 800
唐揚げ
ごぼう
たこ
500 500

倭物や カヤ
倭物や カヤ
風鈴

日本印象之干净卫生

由于初次来到日本，之前听说日本很干净，但没有概念，实际接触后发现实际与想象有过之而无不及。首先日本人不随地丢弃垃圾和随地吐痰，当然这也和当地空气好有一定的关系，行走的这些日子基本没有感觉呼吸道不舒服。也没有国内常见的小广告之类，不是少见，是没有，在日本除了厕所、宾馆和室内空间，基本少见垃圾桶。作为游客，每天都要将产生的垃圾用口袋携带，一并带回住所。其实这个还是有道理的，国内垃圾桶很多，但是随之也产生了不少问题，因为公共场合所有垃圾分类并不现实，又如垃圾不入桶或者垃圾桶本身都会造成二次污染等。路上也看不见环卫工人，环卫工人在国内可以说是“悲壮”的工作，因为真的是很辛劳，收入还低，还常不被人重视，其实如果养成一种好习惯之后，环卫工人可能也就没有存在的必要。另外，有一点很有意思，虽然看过报道说日本的自行车停放比较高科技，如采用地下升降机的模式，这个实际中我倒并没有看到。亲眼所见的一点是对自行车还是比较宽容的，对于其停放相对自由，如照片中安静的小道内，可见的只有自行车，倒是随意，门口立着桩子，不用说应该是汽车不可进入，没有汽车的街道，自行车随意停放看着倒也并不混乱，主要的原因还是干净，所以这点是值得我们学习的。

行走日本最大的感触并非被其精神所震撼，而是被日本人的固执所释然。每个民族或者每个人，都一样拥有“长”和“短”，“长”的另外一面则是“短”，一个趋近完美的人，其实并非长处多长，而是更加地平衡，当我们能都收起锋芒，那则是内心深处多了一点用心，很是均匀，没有绝对的完美，但却有相对的完美。我每天都想让自己反省，并非是刻意去说服自己如何继续努力，而是说服自己如何与自己和解，烟尘般的人生，烟尘般的故事，终究都会消散，能够体验苦痛和快乐的只有自己，所谓冷暖自知，了然于心，所以为何不善待自己、宽容自己。

日式和风

安静的生活——我的半生梦想。御手洗、风铃、绿植、与自然相处的建筑，都是日式建筑的标准特点；石板路、现代质感的墙面则是传统与当下的完美融合；涂鸦、竹篓、草帘则是传统与时尚的碰撞；背后郁葱的树林掩映出不能再美的景色，一切都是如此协调，这就是日式和风。不用过多介绍，不用过多引申，简单而直接地显露于这张照片中。

日本的汽车极少鸣笛，也极少听到工厂里机器的轰鸣声，地铁里也相当安静。不管车站如何熙熙攘攘，行驶中的地铁车厢内都是很安静。日本人规矩地坐着或者站着，面无表情，似看非看地望着窗外；虽然北京的地铁也差不多，但我看到更多的是焦躁和无奈，如同东京曾经走过的日子，繁忙的都市生活，加速、加速、极致、烧毁，然后冷却，他们可能已经冷却，而我们可能还在加速吧。

后来我才明白，虽然日本的生活节奏城市与乡村截然相反，但均认为安静是一种享受，偶尔的躁动反而与这个环境变得格格不入。偶遇街头的表演，夸张而另类，不知道想表达的意思，或是语言不通，或是真是反差太大，不过表演者并非真正去获得施舍，而观看者也似乎不曾一瞥，或只是个性的抒发，并无任何索取；与我当年在地下通道卖艺时遇到的路人并不相同，那些人是在偷看你，多少有看热闹的意思，而这里则是彻底的无所谓，表演者则更是无所谓，相互并不干扰，犹如静水面中的一粒尘屑，不多不少，似乎不存在，但能显示出本来的生机，让人安静而理性，安静才会让人去思考，这种可以使人思考的安静在国内并不多见。

我周围充满着浮躁，是一种集体的浮躁，于我内心而言，却不想欺骗自己，人生的思考可能很累，但躲避终究不是办法，因为处于某个阶段、某个年龄还再去装傻自然看起来很傻，但如果与大家一样假装明白，那又何必。入世之后笑一笑，不为之所动，才是自身的修养，所以经历得多，才能让我去评价别人是在演戏还是在做自己。安静能够让我思考，故选择了远离浮躁，躁动的时候看到的总是表面，平静的时候才可以看透世界，一切都静止，那些还有生命的东西，才是灵魂，或是精神。当躁动开始让自己迷失，更需要让自己的内心变得安静沉着，倾听自己远比躲避自己要更有价值，还是那句话，不忘初心，并不在今日，而在往生的轮回之中。

日式民居遮阳处理

日式民居遮阳处理，除了常见的内部窗帘，多了几种比较情调化的饰件，一个是门的草帘，一个是窗的铝箔遮阳帘；固定方式也是别出心裁，一种是现代质感，与房屋的外立面风格一致，一种是古香古色，是对于风俗和习惯的再次发扬。组合起来也不觉得不协调，门前依然是拖鞋，日式的生活习惯，空调室外机还很讲究地装了一个围挡，可能是保护室外机,也可能是防盗。不过个人感觉日本的治安还是不错的,偷盗室外机可能性并不大,多数还是置换很少的表现,购买一次就准备一辈子使用的感觉。

其实立面东西并不少,各种管道还是占据了很多的空间,好在色调和造型的选择很好;另外,还是整齐的风格,这个特点一直伴随着我的目光,看过日剧,其实也有凌乱的房屋,但确实并不多,偶有东西纷杂的情况,但还是尽量去分门别类。多见的是书籍,但看不到多少日本人在看书,但似乎每家都有很多的藏书,这是个好习惯,书籍是一种不会看起来凌乱的装饰品,可能这就是整齐的秘诀吧。阳光下住宅的生活情调暴露无遗,让我这个外来的游者,也想到了周末的感觉,虽未见主人,但可见生活情调,建筑与生活的完美结合就该如此吧,有阳光,有遮阳,有释放,不过分,恰到好处,让旁人看着舒服的房子就该是好房子吧,让别人可看到生活的重点才是实用的房子吧。

生活一如既往地前行,关于房子的故事在我身上从未停止过。经历的事情多了,开始喜欢养花草,开始喜欢植物的生命,开始了解春夏秋冬、四季轮回。错过了春天,就不能再有牵牛花,秋天种点青菜吧,或许还能弥补些许，不可固执。错过的季节，永远错过相应的植物，失去的童年，那就配比一点成年吧，因为曾经损耗太多，如今只能选择安稳和沉静，生活明白得有点晚，但还好，活着。

日式民居的门头

日式民居的门头，各个不同，似乎看起来每一位房主都是一位设计师，而且看起来都还不错。每一栋房屋都会有独立的设计，与我们的别墅并不同，看起来尊贵，但并不雷同。这张照片中的门头，典型的和式风格，大门还是战国时代的样子，斗拱的风格，椽枋白墙，中式的遗迹，信箱、门禁、简约的壁灯则是现代的装扮，门前不自觉多出的几块长石，也倒是相得益彰，并不多余。所有的日式建筑中植物、假山与建筑的搭配是一个重点，也是最为主要的特点之一，后文还会单独介绍。

我倒是觉得这主人修剪松柏的技艺了得，不是圆也不是简单的方，而是顺其自然与下面假山岩石风格一致，相对于有棱有角、横平竖直的大门建筑体系，用另外一种圆润和不规则搭配，衬托得大门不再那么严肃，人性化的格调在此刻一览无余。大门的设计则是亮点，竖向的栏板形成了缝隙，可以观望，并不气势夺人，遮蔽路人，反而是给人空间，给人视线，给人联想。我想这屋的主人，该是心宽之人，愿与人分享世间美好。毕竟世间凡是美好之物，都不是裸露敞开的，而是半遮半掩的，这才是美的意境。激发观者的好奇心和欲望，展示着半遮半掩的深处景致，一个大门尚且如此，可想细致和意境在日式建筑中的广泛应用，这也是日式建筑的精髓之一。将建筑民族化，又将建筑性格化，时而将建筑女性化，时而又将建筑男性化，转换的技巧炉火纯青，这是我觉得日式建筑了不起的地方。值得深思，值得回味，并不只是去借鉴。从表达的角度来说，这个民族的性格已然表达透彻，同样也是建筑界的瑰宝。

日本的工业设计

日本的工业设计，有些也许是中国制造，毕竟中国制造确实这么多年占据着世界的每个角落。这张照片中的路灯，由于专业的原因，其实这类型的灯具，在国内厂家样本见识过，直接用在这里，还是觉得很合适的，因为我见到它并非在夜里，而这个时间段虽然不能看出太特别的效果，但却可以引起我的遐想。如是夜间，如是需要浪漫，如是需要点缀，那么它该是足够了，并不是留给你一个向下照射的疏影，而是留给你一个仰望的穹顶，因为其上有顶，并不算低，也不算高，可以想到百合花的花瓣必定有部分可以直射到顶，射向无穷夜空的叫作浪费，叫作永不再回，无以仰望。如果可以展示一重穹顶的才叫效果，这灯的选择恰到好处，展示着花，展示着开放，并不刺眼，可以给予路人温柔，脚下亦是柔和，美丽的灯具我总是驻足多看几分钟。

儿时不懂事，却是一个勤奋的孩子，我从来都是在自责中长大，虽然现在已懂，但过往对于自己的摧残却经不起回头，只能拿来弥补。内蒙古冬天的路灯也很美丽，但是温度却是很低，我常在寒风之中的路灯下捧书夜读，只是为了可以走来走去易于背诵，那些背诵的东西在今天看，还有一些自己记得，不想说当年是多么的无聊，失去了好的视力，失去了好的膝盖。虽然我只是一个个例，别人尚未及我这般偏执，因为勤奋其实是最不值得拿来炫耀的，因为勤奋的代价大多需要失去健康，如果一定要与恶魔交换，我觉得还是留下些许生命耗费在成年之后更为合理，虽是少不经事，如今却只能咬牙说不后悔。

对路灯的迷恋，由那时开始，却并未结束，一直延续，路灯的昏暗除了给予我毁眼的光线，同时也给予我那种温暖的感觉。时至今日，我对希望的渴望仍然不变，黑暗中的那一点光，仍是指引我努力前行的动力，生活没有如果，我所付出的将是我的全部，只能向前，直达目标。

植物与建筑

植物与建筑,在之后的新加坡之行中这种关联更为密切,但是将没有生命的建筑与有生命的植物相结合则是最为般配的装扮。建筑生命力的展示必须通过植物,当然因为有植物也会有与之共生的居住者,人类的作用则是将其修剪打扮,使之配合于建筑。想起曾经看过的一部电影《人类消失后的世界》,没有人类的建筑与植物的共生将会是一种吞没的分解,最终人类的遗迹将被大自然所恢复,相对于地球几十亿年的寿命,人类仅仅是一个过客。虽然电池污染土壤,虽然混凝土坚固无比,虽然塑料难于降解,但时间仅限于人类生存的那些年。宇宙的一切是仁慈的,它不会驱赶你,也不会对你不公平,毁灭人类自己的终究还是自我的手段。说人类贪婪有点太过,就说我自己的贪婪吧,这是使我走到今日的主要原因,我儿时快乐是因为拥有的不多,想要的也简单,成年以后,尤其是 40 岁左右,拥有的变得多了,但是想要拥有的也更多,或是我们所说的理想,或是我们的存在感作祟,身体在变慢,但欲望在加速。我能感觉到自己的卑微

和不耻,我曾经写过的那本有关民居的书籍,五年采风、两年书写、两年出版,等待贯穿于这些年的每一天,直至今天我仍然会被它深深地影响,无法释怀,出版历程之漫长,能被采用已经相当不容易,经历很多波折,走到今天已是一个奇迹,知足感恩。但最终还是被焦躁吞没,见不得关于它的电话、议论、消息,最初的焦虑由其而来,后来的牵挂伴随其右,连气管炎也是心头存在的一团滞气,放不下所致。这书也是奇怪,正所谓好事多磨吧,自己知道确实用尽心力,远比其他的书籍费心,但这真的没有必要成为负担,如此太过于不值,本不该拥有,现在拥有了,就该是你的吗?其实未必,没有直接关联,即便不存在,也并没有失去什么,该展示的部分已经在期刊上展示,该享受的过程,也已经享受,还有什么拥有更多的理由?只因为欲望无限,我如同一个失恋后的少年,痛苦中期待着回音,被欲望捆绑影响了健康,被我自己嘲笑却无法释怀,生命的过程真的很残酷,两个自我之间的搏斗与妥协,人生好似一部武打兼肥皂剧,惊险却又结果平淡。

钢梁结构初见

日本的钢梁结构建筑很多,曾经听说是钢梁结构应用最为广泛的国家。照片中所呈现的是一个比较直接的展示的角度,正好突出了钢架的一部分,应该是轻钢结构的一种。看得出来轻钢结构的梁截面较小,所以

重量要轻于同样建造尺寸的混凝土结构，只是造价要略高，所以国内的普通民用建筑选用较少。针对日本多地震的情况，混凝土如果坍塌，伤亡必然惨重，且混凝土结构不如钢梁结构的弹性好，抗震效果自然也要差些，所以轻钢结构在日本的城市高层建筑中应用最为普遍。故这是日本现代建筑的主要展示平台，也是我儿时最早听到的日本建筑形式。

用钢梁搭成的密集网架，钢梁间多采用铆钉或螺栓固定，为牢固的相互受力支撑的结构形式，配以轻质的隔墙地板材料，地震时坠落物为轻质材料，对于人员的安全保障则相对合理。并非所有的建筑均适合钢梁的结构，首先由于钢梁自身承重能力所限，钢结构尺寸太大时，固定安装都存在难度，故轻钢结构普遍只适合层数不算太多的建筑。超高层建筑则多采用混凝土的框筒核心，外围采用外挑钢梁结构的组合形式。

回头看这座建筑，让我觉得为之一振的居然是这座建筑悬挂的大幅宣传海报，门口的展示橱窗陈列着新书，应该是三宝出版社出版的吧，也是日本较为知名的出版社。成为一个作者之后，对于图书出版的感情多有不同于他人，总是认为写作可能是人生的转机，也是因为喜欢，愿意搏命而苛求结果，但却只敢闭门造车，心虚无力。在挣扎了许久之后，终于敢再看看曾经的作品，站在当下，还是觉得今天的或者是未来的作品更为好些，并非喜新厌旧，那些曾经拙劣的作品，代表着我曾经的高度，也代表着难能可贵的真诚，但缺少张力，今天已然无法直视，曾经认为那么好，如今自己都不敢重新审视，何来优秀，只是掩耳盗铃罢了，但确是生命的一部分，仅作记忆。

人生走走停停，并不能因为我想成为一个作家，就始终向着那个方向前行。很多时候坚持做一件事，其实只是兴趣，想得太多，就真的累了，当然积累也是人生厚度的体验，慢慢就懂了厚积薄发的真实意义。慌张中所罗列的作品自然不能是精品，自己都不敢重新再看，怎么经得起读者的揣摩，还要有所要求，岂不是对读者的亵渎。人自然不能总是凭着运气活着，总还是要靠实力而存在，经历过了焦躁的阶段，之后的作品，可以让自己安静下来，仔细反复审视。一生哪怕只有一部作品，也要使这部作品能够经得起时间的考验，而不是他人的恭维，冷暖虽然自知，但是他人的内心想法却不能了解，只有做到问心无愧，方可说对得起他人。

富士山半山的腰

下富士山时已经是日薄西山，云层与太阳慢慢携手淡去，而我的行程，也就此默默结束。于日本而言，从三十多年前的经济衰退开始，这些年的发展开始放慢，在阵痛之后有所复苏。而我们则在喧嚣中重复着经济发展的必然过程，与日本多少相仿，今天的北京会不会成为三十年前的东京，有待观察。快速发展的城市，渐渐失去自我调节的能力，让我们的空气、土壤都承受着巨大的压力，消亡的农村，慢慢老去的老人，慢慢消失在历史舞台，只剩回忆，让我们的精神世界开始枯竭。寻求合理的发展道路，不光是国家的思考，也是每个人对未来的思考。

东京之旅让我收获了节奏感，希望设计师多停下手中的鼠标来进行思考和积累，专业并不会因为一时停顿而停止，社会也依然会前行，多点享受，并不会改变结果的诞生。放慢脚步对于国家和个人都有好处，为了共享的那片蓝天，为了我们的未来，也为了多点时间去选择，少留遗憾。

对于欲望，之前我已经说了很多，曾经拿不住的股票后来都翻了好多倍，其实生活本不该那么复杂；曾经着急出版的书籍，出版之后我依然还是一介草民，只是我自己想得太多，把简单的问题复杂化。我们既不能改变生死，也不能改变命运，快乐地生活其实不难，放下繁重，让自己简单些，放下过去，让我们享受当下，当然这个很难做到，如果真的做到了也就改变了命运。强求的留不住，当你放弃了，才有可能再次回到脚边，改变的不是梦想，只是改变了自己。

当你去善待别人，那么你也善待了自己；当你与自己和解，那么你的命运也不会很糟糕，毕竟幸福感与拥有多少并无太大关联。如果我不如此频繁换股，既省心，还有可能挣钱；如果我不着急去写作和出版，也许积淀的会是一部佳作。但是如果不能放下，那就继续负重前行，总会有觉悟，也不用懊恼和焦急，冲动是年轻的一种表现，说明火候不到而已，但也没有必要早早变老，大可以享受追逐的过程。

再次说到生活没有如果，所以一切不会重来。孩子渴望长大，却觉得时间太漫长；成年人渴望珍惜，时光却是逝水流年，怎么也抓不住。这是生命的相对论，剩下的零碎时间，还要抓紧，不是去珍惜，学会浪费也许更合理。运动不再过量，让它对身体正面引导，那就是自己的节奏感；内心不再尝试控制，让感觉奔流四溢，有些事情释放出来总比憋在心里要强；学会取舍，当下欲望不好放下，但过去则一定要遗忘，因为有些曾经的重要，于今天而言，已经不再那么重要。放下过去吧，曾经的美好永不再来，曾经的伤痛疤痕也已经淡然，不再痛楚，留下最多的只是印记。不能释怀的人生与不能善待的自己相互对应，一边是青年，一边是中年。

2. 新加坡之节能与共享

人生苦旅，知末无求；随风入夜，慢渡南洋；故人行，留于心。

不同国度，曾几何时，漂洋万里，或为乡愁。

你眼中的世界清晰，我眼中的世界模糊；

因为你表达的温存，我表达的不忍。

世间最好的过程，无非两两相望，心存感激；

世间最好的结局，无非孤独寂寞，心存祝福。

印象新加坡

新加坡之行的印象较为深刻,因为路过,亦会介绍马来西亚。新加坡也被称为狮城,因这张照片中远远的那一座狮子喷水雕塑而得名。新加坡是一个小国,但却是一个经济体量并不小的国家,真正是由一个人改变的一片热土,它的成功可能无法复制在地球的其他任何一个地方,它改变了人们对于小国家发展和生存的一种偏见,也是海外华人扎根立足的一块活化石。

多年前新加坡的内阁资政李光耀先生曾预见新加坡如果没有了马来西亚的依存,将日渐枯竭,最后消失,所以他极力促成了新加坡加入马来西亚的历史事件。但后来的民族争端又不得不让他走上了自己认为的一条不归路,不过事实证明,多民族的和睦相处,小国家对世界的大影响,这些都成为了事实。如果说当年亚洲的四小龙如今看来有老朽的,有平淡的,但是新加坡却依然迈着稳健的步伐,也算不易,屹立在这个多极也多元化的世界之中，确实是个奇迹。

见惯了高楼大厦的人，未必能够觉得新加坡的特别，但是如果知道这一片高楼大厦，建于填海得到的土地上，你可能会带着敬重去重新审视，用心去看，夹带着时光中艰难的部分去感受。也许真的有些不同，这里的建筑融入了不同宗教文化（佛教、伊斯兰教、基督教）、不同建筑风格（哥特式、意大利风格、南亚风格等）、不同建筑文化（与种族相互对应）和不同种族文化（华人、印度人、马来西亚人等），它们都在这里和睦相处，也算相当难得。在过去的百年中，有过摩擦碰撞，但最终融合，也是现代教育使意识相互趋同的结果，这是这个国度与众不同之处。这是片神奇的土地，也是创造奇迹的国家，随着我的步伐去体会新加坡的建筑奇迹，体味那种当年远渡重洋的赤子情深，同时也去看看那些华人后裔如何依靠教育去改变建筑、改变自己、改变命运。

新加坡之欧式建筑

这张照片展示的是新加坡的一座基督教堂，典型的哥特式建筑，高耸的尖顶式教堂。虽然不能与米兰大教堂相提并论，但是一眼就可以看出相同的风格，翘角的檐顶，高耸的屋顶，似乎曾经这个叫作“哥特”的人是个瘦子。与罗马式建筑正好形成鲜明对比，一个瘦，一个胖，不能说迥异，但确实反差挺大，一种是向天突兀，一种是坐地起拱，表达的意味相同，是同样的宏伟与壮观，为欧式建筑的典范。与新加坡曾经的历史相对应，这里一直是欧亚通航要道，最早为英国人殖民，欧洲文化影响至深，在这个黄皮肤人种居多的国家，英语居然为其官方语言，可见一斑。故欧式建筑也为新加坡古典建筑中的典型类别，尤其是教堂，现留存居多。

白色代表纯洁，也代表高尚，我虽然不解教义，也不是信徒，但对于世上纯洁善良的追寻，总应能够用白色来表达。或是与宗教本身的意念一致，无论是哪一种宗教，用宽容之心去看待世事，用一种清淡的氛围去躲避喧嚣，总是合理，也是共同点。时间总是如此流淌而过，几个世纪不算什么，能够维持人类继续前行的不外乎两条准则，一个是物竞天择的残酷淘汰的现实，一个则是心存志高的内在选择。很是奇怪，生活总是如此平衡，激进者可以有所得，但终是树敌太多，消耗太快，快速爬升，又快速陨落；而无心者，看似愚笨，但总是可以随遇而安，杀戮之后折取那朵白莲花。世界如此，人生亦如此，没有结束，总是在此消彼长中慢慢发展，因人而异。如食草动物与食肉动物，平衡生存于世界，虽是冷酷残忍，却是世间真理。前行的动力，一直演绎，并无好坏，生命只是物质间的转换，并不会多一点，也难少一点，不存对错，只有因果，故放下挣扎，只是必然，心宽而自安，随他去吧，或许是宗教本来的深意。

地域环境与节能

新加坡是世界上最早将节能作为建筑要点的国家之一，在这个国度，建筑未必以造型和高度而闻名，但有众多建筑科技和节能设计却可以享誉世界。事实上作为建筑从业者，我很惭愧于很多地方自己也不够明白，节能不止一次提及，却都是落笔于图纸，实际应用的程度，僵硬且无知，教条且不能与建筑融合。而根植环境与挖掘建筑本身的特质，才是建筑节能的真实出处，曾在多处说起此理论，自己却未能够真正做好。但在新加坡应用很好，应该无甚可以与之比拟，值得评述。正如这张照片，爬藤密布于建筑,且是现代建筑,简洁明了的清新派风格,让我感同身受,很容易理解节能的直接含义,并不用再多说一句,于我或是于他人,都该是如此。

用我们所抗拒的刺眼光芒,给予植物生命所需的无限元素,让建筑变得有形而生动,让居住者从心里感受清凉,让空调不再成为我们生活的必需品,这是一种思路。绿色是控制温度最好的色彩,在黑白与绿色之间,黑白总是纯粹与极端,虽干净但不够柔和,且无生命力。唯绿色才是一种生命力量,代表的是一种包容,既是这个星球的原始动力,也是推动这个星球发展的信心,这种力量足以感染建筑中的每一个人,让人觉得安逸、安静、安全,这就是建筑要表达的力量,同样也是一种根植于建筑深层的节能信仰。

建筑的艺术确实不仅在于内行们的品头论足,更重要的在于门外汉的切身体会,普通人可共鸣,才是表达无障碍的体现,如此理念,才为扎根基础。新加坡的设计师已经做到了,选择的不是拒绝,而是接受自然,将活跃的生物融入无生命的混凝土中,这是唯一可以赋予建筑灵魂的办法,无出其二,与其让厚重并不环保的岩棉泡沫来解决隔热问题,为什么不让植物来化解呢?如照片中的绿色植被,自然的覆盖就是一种最好的保温层,虽然这与当地常年高温有密不可分的关联。但换另外一个角度,即便是塞北隆冬,也会有春暖花开之时,短暂的一抹绿色同样是建筑生机的体现,而真正的高手大多不为了解决问题而解决问题,更需要寻求问题的根源,化解"因",来影响"果",使之顺势。于建筑上同理,利用自然界的原始形态则是首要的手段,同样也是最少的浪费,这要求设计师有一颗自然善意的心,能够与自然去共生、共长。很多人一生都在追寻美丽和极致,却一生都不懂得欣赏自己的真实与美好,实为可悲。凡是创造性的行业,从业者必须内心澄澈,谦虚慎行,能够放下。艺术界的真谛涵盖了哲学、社会学,自然也有建筑学,需要建筑师领悟,同样也是我们凡人需领悟的为人之道。

经典之滨海湾金沙酒店

说到新加坡的发展,滨海湾金沙酒店是必须要提的。在新加坡几十年的发展历程中,每个阶段都有着相应的代表性建筑,见证着这个国家的变化,如鱼尾狮、摩天轮、"大榴莲"等,时光荏苒,而过往同样精彩,后文也会提及。以俯视大海的角度,建造一座号称当今世上最昂贵的酒店,则可显示出一个国家蓬勃出海的气势,那也就是它了:滨海湾金沙酒店。它也是时下新加坡最为经典的建筑,豪华程度足以比肩世界上任何一座酒店,以不可复制的巨人的姿态屹立在亚洲最南端。

对我而言,住在这里确实很昂贵,仅是看看和欣赏,只能看面相来了解建筑。硬朗的外表,鼎立的气势,也许这就是男人式的建筑吧。与古罗马建筑的坚固雄伟不同,它映衬着人力协作的伟大,而滨海湾金沙酒店则反映了现代施工工艺对于建筑的巨大作用。曾经看过世界经典工程中对于建筑过程的视频介绍,每一处的施工细节都是科技和准确的体现,巨大的挑檐严丝合缝,采用巨大且密集的螺栓来固定;轻质材料的应用,让屋顶巨大的挑板成为可能,现代化的施工工艺,每一块挑板和玻璃,都是独一无二的保证精确才可安装;融于自然的设计理念,使屋面绿树婆娑,每层阳台绿植曼妙。三栋帆形主体建筑迎海而立,通廊不再普通地设于中间或是底部,而是横跨于屋顶,如巨轮蓄势待发,阳刚气势暴露无遗。其曲线的外表又不显得那么生硬,无处不在的植物化解了混凝土的硬朗,让观者即便看到外观坚硬,也能感到一颗侠骨柔肠的内心。可能建筑师觉得还不够轻柔,于是有了屋顶的无边游泳池,使人们对边际的好奇心发挥到了极致。它突破了游泳池的常规概念,建立在 57 层的屋顶之上,泳池的高度决定了高远的视角,心在高处,却涓细沉寂,这应该也是设计师的情怀。如果说建筑师要给观众多个角度来看世界,那么这个建筑做到了,仰望风帆般高耸的外表,有气势有意味,简单直观地表达着乘风破浪的概念。

俯视是一种临界在水边、天边的内心独白,在空旷之处可尽情随想,突破的设计在于你是不是敢于颠覆常规。建筑师都是有个性的,但敢不敢把建筑营造出你独有的个性,则取决于建筑师的勇气,能表达自我特点的建筑就是有精神的建筑,于每个人其实也应该如此,本独一无二,个性才值得尊重。

关于植物的信仰

新加坡建筑物对于植物的使用已经不胜枚举,对于植物的信仰确实无处不在,不大的国土上有着巨大的植物园,是一种对于自然的偏爱,也是一种对于绿色的向往,这就是滨海湾花园。其内共种植了超过 25 万株

珍稀植物,葱郁的植被在这个仿生学的建筑内安然生活。与国内的仿生热带雨林正好相反,这里的空调系统营造着凉爽的北半球气候。各种植物各自安生,相互观望,分区域生长。巨大的钢结构网架架构,营造着巨大的生态系统,网格外透彻的天空,网格内繁盛的生灵,机械设备与植物相得益彰。网格上的电动天窗虽然是更换空气所用,其实也起着纽带的作用,开启可使空气流通,关闭则可遮风挡雨。观者可透过天窗欣赏蔚蓝的天空,看白云点点流逝。虽不知天空的想法,却也是一种淡淡交流的味道。如果建筑是一种美,这种美可能美得不太明显,不明显的美可能才是最美。

同样经典的,是一套雨水回收系统,其上部宽大的敞口用来收集雨水,通过处理,满足园区的日常用水,想法不但绝妙,景色也是独到,美轮美奂;夜间加上景观照明更为炫目,使游者甚至忘记它真实的作用。节能与美观完美结合,使这栋建筑成为节能案例中的不朽之作。

新加坡临海,却是缺水的国家,国土面积太小,缺乏地下水是现状,地下淡水来源又不能依靠周边国家。于热带地区,依托的只能是雨水,或是海水的淡化,雨水收集显然成本要更为低廉,对面积不大的区域或是用水量不太大的园区而言,更为合理。如何通过建筑物收集雨水,既是一种尝试,也可能拥有成功的经验,同时更是被逼出来的办法。永远不要低估一颗有梦想的心,也不能低估困境所带来的驱动力,其实绝处逢生,才可爆发惊人的力量,无路可退,才可让人绝地反击,各种事件,示例无数,无须多言。新加坡的成功经验值得同样是缺乏淡水的我们学习。

植物大厦

从滨海湾花园的另外一个角度看,也是精彩,平面无法布设的东西,

还好可以堆砌成为立体。这在新加坡其他地方同样多见,是大型都市解决居住问题的主要手段。

向蓝天伸手,完成植物的堆叠,我只有在这里看到过,把各种植物放置在一个巨大的花架之上,有挑台、阳台,游人可以从外面观赏绿色,有假山、亭榭,可以让植物从外攀爬,互不影响,又相互掩映。为了不让它失去灵动感,还设计了由顶部而下的几道瀑布,恰到好处,飞流直下三千尺,犹抱琵琶半遮面,挺对应,很应景,是建筑师的一种别创,却是这个城市中共享空间的设计理念,仍是与自然共存,和谐发展,表达着自然与建筑的关联,建筑的外部是自然,建筑的内部是植物,植物内部依然是包裹的建筑,相互交融,相互渗入,不见僵硬。现代与自然如何相互融合,这一直不属于技术的问题,而只是建筑立场。现代质感难免生硬,夹杂自然又难免杂乱,如不介意,或愿意感受生命力,便可用现代建筑的施工技法去承载植物渴望的无限高空,尽情攀爬;用满铺的植物去遮挡建筑物的生硬,植物赋予建筑生命,这可能就是建筑的未来。

每每看到光秃秃的玻璃幕墙或是贴砖,无论出生之时是多么的艳丽,终是被时间雕刻容颜,之后的样子或是落魄,或是损坏,多是嗟叹,却无能为力,因太刚的外表更易损坏,因太刚则不易靠近;与植物相伴则大为不同,遮风挡雨本身就可以减缓衰老,与之相伴,永难见衰老的印记,一载又一载,总是恰到好处地出现枝丫,又知时节地渐渐褪去。生命如斯,建筑动情，亦老亦风霜。

视角

室内大堂融入伞的风格与室内栽植树木，也算是一种错位安排，这确实让我感触颇深。建筑如说是创新，并不一定要在新的领域进行拓展，完全可以将曾经的固定模式打乱，把固定的思维用时下的流行元素重新组合。时代已经翻天覆地，过往痕迹渐淡，但一些固定的思维却是习惯养成，禁锢着我们，需要去打破常规，方得新视角。

其实这一点在新的建筑中尤为明显，曾经建筑不存在巨大的玻璃顶棚，也就没有想过从顶部俯视的重要性，大伞成了小花伞，点缀出了错落有致的形状，遮掩了行人的视线，也遮挡了伞下的私密，有何不好。这勾起了我的好奇，花伞能够营造的仅是一种装饰感，并无用处，用在这里却是一种粉色调的柔和，可以说雅韵风格。粉色、蓝色交界，并不给予茶谈客人夺目色彩，却可以让观者视线锁定，唤起我对于生活的挚爱，也让我内心平静如海，轻泛微澜。生活本来的清淡与这景色如出一辙，虽无关联,但能给予我触动琴弦的感受,存于默默细微之处的共鸣,景色与情感就是如此交融,这也许就是设计师的寓意。

如我一般,从高处张望的路人所见简约的精致美感,水彩画用色彩点拨,总是几点即可,点到为止。这里的画意亦如此,在植物如小草般的点缀下,让观者不再迷恋外面的和煦阳光和茵茵绿草,热带地区的室外焦躁而烦闷,因此迷恋这里雨乡般的风情,不热、不冷。现代感的建筑设计与婉约感的室内设计,配以园林设计师"不经意"的落笔,室内的空间变成一个楚楚动人的雅斯环境。而我也成一景,融入动态的画面中,成为静态。

建筑复眼

新加坡曾经的标志性建筑——滨海艺术中心,也称为"大榴莲",为两个对称的建筑物,俯看如同昆虫的一对复眼,也确如复眼般设计精妙。同为节能典范,普通玻璃屋顶的光线多直射入室内,不仅过亮,也造成了室内的温室效应,通常的解决方案是布置窗帘。但如需要采光的室内,其效果并不佳,只能直接导致空调的过度使用,一边是能源的消耗量增大,一边是氟利昂之类的制冷剂对臭氧层的破坏。站在节能和平衡的角度

看，空调这种设备的产生，只是为了满足人体一时舒爽的要求，但却是对外界大量散热或是散冷，将温度本身的平衡打破，形成一种恶性循环，这也是城市平均温度逐年升高、厄尔尼诺现象频发的一个原因，是的，地球在感冒。而人更加脆弱，室内外温差太大，让人极容易感冒，身体素质低下，空调病很多人都有，但人们依然不能戒除空调，空调已成为城市功能奔向失调的一种最为明显的设备。

玻璃幕的密麻金属延板有效地解决了光照过度的问题，龟壳式的檐板，上方光线正好是直射的方向，也正好被遮挡和反射，而下部则是外窗并无遮挡，正好满足平视或向下的视线。并不是多复杂的功能设计，其实就是遮阳棚的原理，但却是有效的节能办法，而这些一次成型的“遮阳棚”形成了独到的刺状立面造型，如同榴莲，故而成名，卓尔不群。纵使球形建筑上太阳光直射你再强大，我也能遮挡你的锋芒，挫你锋芒之后，我又有足够多的缝隙和镂空，彻底解决采光的问题；光线由直射变成了反射，由全部变成部分，由太多变成了恰当。节能的初衷就是观察自然界的美丽和多样性，如这复眼，只是取之合理之处为建筑所用，合理地利用自然界的创造力，让建筑的节能设计不留痕迹，水到渠成。

故美源自贴近自然，源自接受我们尚不了解的自然现象，节能则源自一颗简单且善于观察的心。如果你以善良之心观察世界，你看到的世界就是善良的，你对别人宽容，那么你对自己就也会宽容。能够用简单的办法来处理建筑的问题，那你的内心则是简单而质朴的。建筑只是生活的一部分，而建筑中所反映出的问题，其实在生活中又都存有答案，放慢脚步去观察周围吧，其实都有答案。

建筑性格

新加坡的美术馆，这里有着我一直魂牵梦绕的西点餐厅，虽然时光飞逝,但却如一见钟情的女子,擦肩而过之后,再也不见,仅存无尽的回味,或是恰到好处的缺憾。这家西点餐厅其实不一定是我吃过的最好味道,但是美食配以美景,感觉就大为不同了,感情总是需要应景,而味觉也是需要环境去感染。看惯了国内旅游景点的人山人海,我更喜欢这样的一种氛围,静静坐着,看着静止不动的景色,呼吸着几乎静止不动的微风,回忆起来,那时的感觉已作化石,沉入仅属于我的过往记忆。

我不在乎一个美术馆内是不是馆藏无数,规模多大,只在乎一个美术馆的艺术气质,它做到了。美术馆不算大,但可以看得出来年头久远,为有故事的建筑,当年曾是一座教堂,近代作为艺术馆直至今日,人少物稀,并不见门庭若市,路人并不侧目,匆匆而过,但不能改变那种自带的随意优雅,天生尊贵,小众却耐得住寂寞。照片中的女孩成为建筑的一部分,幽曲的长廊像是记录了太多婉约的故事,不能娓娓道来,却可以人人意会。再次印证长廊为曲才美,不见得长,见不到的终点却总是让你浮想联翩,让你探知,让你感动,让你回忆,这就是长廊之味;不在年代几何,地板的斑驳,门窗的肃重,吊灯的摇曳,墙壁的淡雅,这就是组合之美,将时光

印记与材质品质完美结合在一起，慢慢斑驳，逐步雕琢，变成味道，若为感觉。建筑也是有性别的，阴柔之美的建筑总是带有柔和与回忆，缓慢温柔如母亲的背弯；雄壮威武的建筑则总是让人严肃与敬重，父亲如山意味颇重。设计师表达的意味不同，但均是一眼即可看透，与你的感受相搭配。如这般，加上一位女孩作点缀，建筑物瞬间变为一位少女，对，是少女，一种清雅意境，一种初恋感觉，一种青涩回忆，也就该如此吧。

建筑与人的结合，让建筑拥有了灵气，并存生机，让人有了感触，并享记忆，让我可以淡淡去轻轻诉说，不用愁肠百结，不需要纠结。因有这建筑中的女主角存在，只需要去联想或是猜测，即可了解建筑，也可回忆过去，那才是生命力的自然释放，也是妩媚建筑的自然流露。

无边游泳池

错过了滨海湾金沙酒店的屋顶无边游泳池，十分遗憾，为了弥补这个遗憾，在马来西亚的新山也算是找到了同样建筑技法的另一座无边游泳池。不大的酒店，也懒于再查名字，属于马来西亚的城市综合体，不大，也只能算是相对便宜，但已是我行程中较为昂贵的住宿，毕竟希望老婆和孩子不能总是与我吃苦，有点惊喜，有点浪漫，同是男人的义务。曾经结婚时，没有仪式、没有婚戒、没有婚纱照，但有个带她走遍世界的承诺，不管住得好坏，不管行程是否艰辛，总算也是兑现着承诺，不枉婚姻一场，不枉男人一世。

这个游泳池是酒店屋顶的露天泳池，个人认为无边泳池能够盛行，还是因为热带地区的全年高温，让游泳池成了这些国家的标准配置，大大小小，确实非常之多，应该是纳凉的必备场所，所以对于游泳池设计的思路也是别出心裁，花样繁多。或是为了节约空间，或是视野要好，在屋顶上设个游泳池才有意思，为了更加节省空间，有一面紧挨着外墙，水位与游泳池的侧墙齐平，而游泳池的侧墙又与屋顶女儿墙齐平或是略高，其间则是窄窄的泄水空间，下为通道。泳池水一直处于满溢的状态，溢出部分则从周边的沟渠流走，视觉上只要不是很靠近，就发现不了中间的缝隙，效果就如同照片中的样子了，越是高处，无边的效果越为明显，而其实是有边的，无边只是因为池边水面的折射效果。

用惯了国内的室内泳池，漫鼻的消毒水味道，这里的水则要清亮透彻很多，丝毫没有任何关于味道的记忆。露天就是如此，太阳的杀菌效果确实不错,是那种纯净水的味道,可以亲触,无室内池水那种不见阳光的浑浊感,像是艳妇,拼命给自己抹着消毒水,以证明自己的清白。纯净其实不用表示,那是一种自然的感觉,初见时即可见。

思绪瞬间被拉回到现实中,已然过往很久,能够承载记忆的碎片,都在这点点滴滴的美好场景中,儿子的成长,我的衰老,不能再回到过去,人生不会重来,能够记忆下来的也并不算太多;任其美好的部分,可以在多年后发酵膨胀,让我可以淡然一笑,无欲无求。面对无边的天际,我还可以记得当时的空气味道,那惬意,如约,还是在几年后,重新回味起。

百舸争流

新加坡樟宜国际机场,作为全世界最美丽的机场,名不虚传,并非我评,但应该出自权威,我游历的国家十分有限,并无发言权,在这有限范围之内,确实有着最为精致和服务周到的候机楼,无出其右。在这里停留候机的时候,已经被告知北京天气是电闪雷鸣,而因在此处惬意轻松,才没有让我感到一丝不安,应是实至名归。候机楼不仅设有餐饮娱乐设施,还有各式的博物馆、植物园、蝴蝶馆等,多是免费的场所,包含了成人购物的场所,也有孩子的娱乐空间,是分年龄、分功能的设计。之前只是见于城市综合体上,如此设计,其实只为讨好旅客,让每个匆匆的身影能够留下一个美好的倩影,只是猜测,但只有善意的想法才能让旅客有真

实的评价。汇流的成色总是决定着河流的实际色彩,所以樟宜国际机场也该是如此成名的吧。

即便如此,无意之间还是可以瞥见各样的建筑技法。节能同样随处可见,照片展示的依然是对光线的控制手段,只是换了一种方式,之前的余味尚存,尚未吸收。这里的景色则让我放下刚摘下的玉米,重新崇拜,因为这里很是壮观,在高达数十米玻璃幕的外围,竟然呈一定角度设置了光线遮挡网,我不了解它是否为电动定时开启,还是可随日光的移动,随时调节开启角度,但如果真为这样则太完美了。虽是厚重的设计,在外观来看,并不见其烦琐感,倒是由于层层叠叠的堆叠,如百舸争流,千帆难尽,浩荡气势,体现着另一种建筑与节能相交杂、配合的美感,庄重中的技术流,工业设计的质感,整体感颇佳,其实与家庭的百叶窗并无功能的差别,但是用在如此巨大的建筑立面上,谁又会想到呢?

世间设计唯简单不破,世界武功为快不破,世间手段为诚信不破,时间感情为时间不破,事事接踵,并无差别。能把这么大的百叶窗装在一整面大玻璃上,却并不是每个设计师都能想到的,不得不说这位设计师绝非是蒙头做设计的"室内设计师",必定有着充分的生活经验和情调,没有情调的人做不出生活版的设计,难有感性的内在,没有创意的设计绝对不会节能,也难有顺其自然的流畅感。合理地做一件事如同庖丁解牛,顺着事情本来的样子去做事,才可觉得顺利,才可觉得简单;按照兴趣去做事,按照心情去释放,才可觉得有动力,才可觉得不难。凡事均为如此,可是世间之人又太过执着,总是不能放下执念;可是世间之人太过懦弱,总是不敢放下当下;可是世间之人太过贪婪,总是不愿舍弃小利,遗漏的总是点滴,失去的却是人生的精华。

斑斓

简曰为:斑斓,是否如我所定义呢?金山酒店的内部商业,与我所见过的国内城市综合体并不一样,不同点是显而易见的,正如我总结的名字,拥有太多光线,而不是去遮挡。在我所见的商业建筑中,多数的中庭是内庭院,也就是只有通过玻璃顶才可采集到光线,剩余空间因四周均为墙体,则只能靠人工照明来采光,如坐井观天般的效果。似乎建设方还是觉得很满意的,其原因或为这是利用率最高的一种建造模式,能带来最大的销售面积和最低的成本,但从建筑生态而言,其实难言是最佳的一种建筑模型。而我所在意的不是能赚取多少钱财,而是能够给人带来多少阳光,能给人们带来多少温暖。金沙酒店的内庭院确实完全不同,斑斓的光线如雕刻的人生,布满了每个人抑或场景的界面之上,或清晰,或斑驳,只想让我安静地把下午茶喝到太阳落山,与阳光为伴。当然这也要感谢多情且用心的建筑师,看过前面几种遮挡阳光的方式,这则是更简单的一种。

前文说过的大百叶窗,这里也不例外,你会说这不就是我们家的遮阳棚吗? 对,这就是遮阳棚,但更巨大,也会演绎变化,来自内部的巨大钢梁在屋顶撑起来一个悬挑的遮阳伞,也如同一个巨大的吹泡泡器;而玻璃窗则是被拉长的薄膜,延展折射的光线,五彩斑斓。室内的空间本该是露天的部分,现在则为主要的流动空间,层层曲线,窗与顶并无界限,流线型弯曲成一体,不仅是一个平面上的弯曲,三维上更是曲线变化的延展,不仅是造型完美,建造费用也是十分高昂,但至少是用心的一种表现吧。如此表现的建筑并不多,卓尔不群,现代质感下的建筑空间,层层窗户横梁敲打着顽皮的阳光,阳光倔强地通过玻璃缝隙,来看看里面的热闹,就产生了这个效果,刻画出室内条状的采光斑纹,不刺眼但足够明亮,是不是有点慵懒,但是又在缓慢蔓延呢?建筑内部的感觉和外部的形象是大相径庭的,但是感觉却都不错,控制光的摄入,减少空调的能耗,利用光线,减少人工照明的使用,这才是节能的初衷,并不限于眼前的节约,故不能把思路仅放在节能光源上,而该是更多地放在自然光线的合理利用上。本末倒置或为市场行为,或是追随潮流,但看起来的高端,却总觉得不够自然。

把节能和建筑的造型、功能相结合,为的是建筑物可以长期生态化地存在,其实是对建筑物的一种负责任的态度,不止是建筑师该去学习,这其实是一种建筑信仰。

童话中的建筑世界

如果说实体建筑是对建筑艺术的一种现实表现,那么这积木搭起来的建筑,则是乐高世界给我们营造的另一个建筑世界,是关于童心和幻想的层面,也是开启建筑人生的一把启蒙钥匙。乐高的拼插玩具既是一种儿童的游戏工具,也是成人实现建筑梦想的一个手段;既是儿童锻炼思维创造力的一个途径,也是成人那些不曾完成梦想的一个缩影;既是不曾开始的成年,也是从没有结束的天真。我是很喜欢的,只是我已经错过了那个不能重来的童年,但希望儿子能够喜欢,虽然我的梦想不该也不太可能嫁接到他的生活中,与许多家长一样,或是一厢情愿,或是一种寄托,从不现实,也并无可能。只是儿子从小似乎什么都没有坚持下去,诸如跆拳道、民族舞、街舞、英语、作文、书法、篮球、足球等,都是半途而废,我唯一尽量让他坚持去拼插玩具,买不起乐高,就买其他的牌子,为了他的这个兴趣,如此般,专门来到马来西亚的乐高世界。他玩得很开心,见识到了外面的世界,希望他可以知道生活的圈子并不都那么复杂,有些快乐很简单,并不需要附带条件,有些兴趣可以放纵,并且有意义,值得作为一生的热爱,于我心里也算是释怀,总算有一件事情,可能还在坚持,也认为仍然有坚持的必要。虽然随着年龄的增长,学业负担的加重,他已然不太可能去完成几千块积木的拼插,只是偶尔练手,但是对于自信的培养却是从这里收获的,在他不完美的童年中,也算是有所辉煌,夹杂在那么多的挫折与责骂中,他的作品基本可以完胜绝大多数人。对于动手能力的培养,已经潜移默化在他内心,相信可终生得以受用;也希望可将其慢慢显露发挥,并引申于将来的工作中。虽然未来未知,但是方向决定了高度,不曾失去的信心,在我心中,在他心中,则将是生命的高度。

关于建筑的梦想我从小就有,姐姐成了注册建筑师,但我却做了电气工程师。人生没有太多选择的机会,只能安于接受,由于不甘平庸的心理,矛盾中推进着我走过了 20~40 岁的这 20 年,平衡中挣扎,挣扎中努力,一直刻意在电气行业中寻觅设计师的影踪,也许我可走出属于自己的

创作之路；但或也是在挣扎中妥协，其实不属于我的终究不是我的，道理已懂，但不同的是我曾经为之努力过，也算不枉此生，不留遗憾，仅此也就够了，建筑的梦想其实就是生命的梦想，总要留点遗憾。

书之家

分辨率很低的一张照片，实属无奈，一个喜欢镜头的人，却总是没有一个趁手的家伙，或也还是嫌沉，希望生活能够简化。手机虽可以捕捉瞬间，但却不能反映真实的效果。如这新加坡图书馆的样子，只是能看到轮廓，也只好如此，不能代表我所见的真实，其实真的很震撼，拍摄的效果像是我摘了眼镜的样子，不过有个轮廓也好，已经能够表达我所想要的意境。

这是外围通道的书架，沿着建筑通道一侧的外立面，随意且随性，陈设与建筑完美结合，一种厚重感油然而生，让图书不再是一种简单的数据，让走道不再是简单的走道，浩瀚之意并不是多，而是利用到所有的细节。少女再美，也需要适宜的装扮，才可更加悦目，如这般，也是对于图书馆最好的诠释，因为这里是他们的家，可以随意放置，可以随处索取，方便即为适宜，如此的图书馆才是完美，这里做到了。

虽然我也喜好读书，但这里不想用来说读书，只是想来说我的一个图书梦，现有的生活似乎如老中医所预测的，已经油尽灯灭，透支已尽。想去做好的设计

师,但已经提不起精神来加班,没有了力量和年轻的资本;想去做我的审图工作,却总觉得无聊且无创造力,因为年龄尚未到。人生中的四个愿望,由于急功近利,已经实现了三个,但距离退休的时间还有好大一截,就只剩最后一个,就是开一个叫作"白天的书房"的小书店,能够与读者面对面进行沟通;清风岁月,不再为人生而忧,不用为生计而愁,可以与年轻人沟通解惑。其实教育并非课堂之内就能够说得清楚,面对社会之后,再没有那么多机会可对你宽容和弥补,遗憾终还是现实,所以我希望它是一个可以把我的经历作为教材的小课堂,不仅是励志部分,更多的则是曾经的错过和谬误,让年轻人提前有个准备,不至于到时慌张无措,也可让我在老年之时不至于寂寥而死,不枉灵魂之美的展示,与之沟通,与之倾听。当然,前提是我那时已经能够活明白,不像如今的我依然焦躁于所得,失落于失去,每天数着奔向四十的每一个打卡口,心中躁动不安;当然也属正常,是时光的焦躁,是四季的轮回,是一个阶段切换为另一个阶段的种子,是改变的前提,而那种改变已在呼唤。

共生之美

这两张照片摄于新加坡樟宜国际机场的蝴蝶馆。说新加坡是一个公园,一点不为过,美不胜收,是我用言语不足以表达的。温度决定了生物的多样性,燥热的气候适于更多人,可见海南的房子卖得那么火,当然要除了我。生于塞北山城的固执,难于改变的天性,习惯了迎着寒风奋力爬行,舒适的环境反而无所适从,无法发力;其实也适用于其他人,但是即便如此,舒适谁不喜欢?还有很多人喜欢喧闹,倒也简单正确,并非我不懂。只是年少轻狂,曾经一直自以为生活是苦旅,蓝天白云的惬意,似乎只属于我未来老去的那一天。而现实也确实让我无暇思考,其实只是个人的阅历不够,层次不到,这种特立独行的无奈,延续了很久;或是责任感太强,或是要求自己太多,直到四十不惑,遭遇了那些所谓"天将降大任于斯人也"的故事,才开始对别人宽容,对自己宽容,没有那么的坚持,没有什么失去不了,也不怕拥有什么,只是多了一点顺其自然。想去触摸奔腾的汽车,也觉得不再是一定不可,只要喜欢,那种安然自得,像是在一瞬间得以爆发,并缓慢流淌过我的血管,成为我性格中的一个部分。可以轻拿轻放自己内心的东西,可以与自然相融,尽量顺势而为,可能这就是成长吧。

如这蝴蝶不再惧怕我的掌心,也是友好,也是习惯,在国内很难,但此景却涵盖了这个国度的每一个角落。虽然这是多年以后才有的一种全新体会,但也是因为如今的境遇,才有了新的理解,从心里对这些与我同根的人心存敬意,其实道理与我相同,如不是有过这些艰难,可能也难有如此珍视自然的理念,其为衣食父母,难有对于自然的如此敬意,其为生存之地,有过苦痛,才知感恩和珍惜吧。也正是如此,造就了可以亲近于自然的设计师,可以做出亲近自然的建筑,故单纯的建筑师必须存在于一种自然率性的环境中,这里存有,已然介绍,而建筑师超越创意和技术的层面,是那颗单纯而简单的心,实为源头;也是每一个设计师努力的方向,不迷失,不世俗,虽然这个很难,但仍可体会那种氛围。

深蓝

最后一张照片景色深蓝,似乎也与建筑无关,我把它放在这里或许只是因为觉得美。新加坡的水族馆,设计师给了我们一个由下向上的观赏角度,能够看着鱼儿的光影而发呆,我坐在下面待了很久,为那时候的我感到羡慕,因为现在才觉得发呆是一种十分健康的养生办法。但如今却难以做到,懂得太多,失去太多,简单的思想和动作都快忘记了,拥有太多,就会失乐,也属于人成长的悲哀吧。见过很多水族馆,觉得这个做得最好,也最为震撼,入场前配以一幕 4D 电影进行介绍,让观者对新加坡的历史有初步的了解,让我们能够体会这一座不能离开海洋的城市,是如何与自然相互依存,也算是新意,坐在这个硕大的水族箱下,看着鱼儿游弋本就是一种享受。都说多与动物近距离接近人也会变得纯净,安安静静和鱼儿待在一起,配上一曲疗伤之音,真是心灵涤荡的良方。感叹于这样的设计师,只有从下向上的观察视线才是融入,用一条鱼的眼光看世界,是属于平等的视角和心态,用一种简单的方式让自己快乐而安静,是曾经最初的梦想,这其实很难,每人都如此。在拥挤的人潮中不能止步,随波逐流,故无法平静和还原自我,对比这些无法回到大海中的鱼儿,与我们天天禁锢于工作的生活又是何等相似,只是相对而言,任何偶尔闪现的简单生活和还不算糟的现状,都让我珍惜异常,因为至少我还可以短暂释放,短暂有所逃离。换个视角下的世界万物,更迭交替,就是当下的分秒之间,即为全部,且行且珍惜,生活很美好,未来更美好。

这段文字同样是回溯,有些时候写着写着就都变成了属于自己的回忆录。作为一个感性十足的男子,会去努力,也知道放弃,狂奔于建筑之间,痛苦于人生之中,没有悲剧的故事必定不是好故事,没有忧伤的男人必定不是一个有故事的男人。一晃又是几年飘过,处在距离 40 岁还有 50 天的时间,我轻轻触摸着过去的三十多年,曾经觉得遥远,如今却如此真实,只知逝去的 30 多年多么宝贵。实际上走过,才觉得这段岁月更快,因为忙碌和成熟,已不再具备 20 岁时的冲动和动力;一个年轻人往往不了解未来会在哪里，但会拥有当下，并不慌张，头破血流，但是不在意，因为总能快速愈合。但如今一个处在30岁“尾巴”的人，知道了方向和取舍，知道了自己想要的是什么，不再那么迷茫，不再那么慌张，因为清晰于欲望，也更直接于实现的结果，当然也更累；已然了解未来会在哪里，已经拥有很多，但也失去很多，伤痕累累，恢复缓慢。生命的下坡路即将出现在眼前，或是加速地下滑，慌乱中不知所措；或是淡然改变，韧带的老化如同生命的蜕变，一切不能忘记的痛苦在一个旧的结束中，缓慢流走，重新开始。

3. 意大利之传承与创造

文字之美，罗马旧梦，怡情成瞿，妆台成灰。

故人才知浪漫，唯今人无知，惯，不懂征途豪迈，漫，不知岁月如歌。

青春不再青春，春何来到，不羁人生，难，知途畏惧，故，留下印记。

只能挣扎，后人回味。

此行需知放下，未来需念旧意。

看到了最好的油画，却不如一张白纸耐人寻味。

意大利之行还是 2015 年 7 月的事情了,人生最留不住的就是时间,提笔之时已经恍然两年之后,因为要出行俄罗斯,积累下来的作业太多,不能再等。用了五年时间来整理,十年的世界行走,二十年的专业积累,也算有了眉目,不枉记忆给了自己,或也能够帮助他人。这五年写作的成果,有成功的,有失败的,成功之后还是煎熬,失败之后却是释怀,总和想象偏颇,并非拥有越多越快乐,反而正好相反,不过不外乎都是了结,如今该了却的作业只剩这几篇国外游记了。因工作变动,再无处发表,无处可以置放它们的灵魂,只能编纂成册,做一个灵魂的读本。

想想人生总是需要先一点点地积累,才能厚积薄发。作为曾经有过的人生经历,这一段只属于我,如果我不记录,它将彻底消失在记忆之中,很难说是不是相当于白走,但对于生活来说确实显得不够严肃。活到了四十岁,明白了匀速跑步最重要的是节奏,是属于自己的节奏,且需要无视别人的目光,因为并无实质用处,世界本来就很冷漠。狂热的追随者会长大、会冷却,有过高潮的感受,未必能忍受得了冷暖反差;而没有观众的寂寞反倒是一种良性习惯,平淡易于接受,可以随心所欲地改变道路。写作本身就是一种孤独的自述,写给另外那些孤独者,其实未必不好。

生命总会不迟不早地给你所需要的,也许还是需要一点耐心和坚持,当然也要慢慢地放下,这就是我能想到的所有的人生意义和真谛。拿起来回忆,趁着还有依稀印象,描述几笔。

始于罗马

行程始于罗马。当飞机即将降落于罗马时,心中 12 个小时的疲惫和紧张一扫而光。时至今日仍然可以清晰记得那种感觉,一架私人小飞机从我们的客机身边飞过，如此奇异景观从未见过，你好罗马！你好老白！登陆罗马始于我对这千年帝国的崇拜，因为太多关于罗马所学所见，从古罗马的文学家但丁、画家达·芬奇、作者奥勒留，还有恺撒、亚历山大大帝等一众杰出领袖，到了近代也有法拉利、普拉达等顶级设计，甚至儿时被人奉为爱情经典的电影《罗马假日》。关于这个国家的印记太多，代表着创意，代表着雄壮，代表着历史，代表着浪漫，各种元素都涵盖其中。国内随处可见以罗马、米兰、佛罗伦萨、威尼斯命名的场所，米兰婚纱店可能是浪漫，佛罗伦萨小镇则是有创意，连有些洗车行都叫罗马洗车行，可能觉得有历史吧，但这些都是罗马元素的最好印证。

从罗马开始，一路向北，经过罗马周边的卫星城蒂沃利、小城奥尔维托耶，至佛罗伦萨，继续向北经过费拉拉，到达水城威尼斯，再向西狂奔，到达时尚之都米兰，参观世博会；其间也领略了世界排名前五的三座大教堂之震撼建筑艺术，于建筑艺术而言，这是最为精彩的一次行走，两年后重拾之，依然惊艳，难以遗忘。

这是一个石头的国度，如果说木质建筑的精湛或表现，在于其曾经的壮美和后来的味道；那么石头则是不朽，无须多言，如这个文明古国的建筑艺术，将石头用到了极致；不是今天，而是几千年前，但今天依然不朽，何为不朽，如果能经得起时光、雨水、战火还能留存最初的样子，那么这里的建筑可以做到。如这路上的石头，最为简单直接，我接触的地方在这两千年中虽然时空不同，但从未停止人流，只见过磨没的棱角，却从未见改变位置和坚守，是

初心不变，是一种情感表达、一种时间流逝的最佳印记。

小节与保护

这张照片摄于罗马大学，只想表达老式建筑改造的合理性，不是不知道空调好，这些几百年上千年的房子，并不是不可以加装空调，但是如果加装了，那就是对建筑彻底的破坏。常见国内老式民居依然老旧，但是现代化的物件堆叠之后，或是空调室外机，或是电缆、电线、水管横七竖八，千疮百孔的外墙，老房子已经奄奄一息，难以再经历时间的浸泡，更像是为老不尊。这栋老式建筑最大的特点是在门上装了通风扇，其实看着也并不别扭，虽不能解决高温问题，但至少可以解决通风的问题。意大利属于地中海气候，夏季整体而言不算闷热难忍，如此设计也算是对老式建筑改造最小的伤害。

其实古建筑维护并不可以依据规范去一一套用，每个建筑都有自己的生命和性格特点。在意大利尤为明显，很多建筑风格迥异，依据现代规范不能够满足，因为时间太过久远。如果放到当时，可能决然不会让如此施工，但，这些创造才铸就了经典，均为突破和尝试，突破之后才有了规范，规范也是来源于尝试后形成的经验，是那条大家已经走出来的路。但作为设计师，更应该成为那个第一次开拓新路的人，当下的设计尤其受限严重，因为现有的经验、规范、程序太多，而单纯的设计并不需要条条框框，仅是一种创意，需要的恰恰是突破，才可展示原创性。多希望社会可以对年轻人的创造力多点宽容和信任,其实他们才是创意的本身,任何陈旧的约束都是新事物创造的桎梏,实在可惜。

放下埋怨,开始我们的行程吧,也开始一段迷失前最后的人生感悟。人总是如此,虽不了解未来的惊涛骇浪,但站在当下,依然平静惬意。如今看来虽依旧迷人,却有点遗憾,没有珍惜那曾经的健康,也许当时懂了,是不是能够避免后来的故事;可惜没有如果,一切其实都是命中注定,未必能够躲避。

还能更加宏伟吗

圣彼得大教堂的穹顶,罗马式的圆顶穹隆和希腊石柱式的过梁相结合,我想如果可以有所比较,也只能是后来看到的米兰大教堂,但体量仍然略小,毕竟这是教皇所在地。作为一个没有信仰的观者,从建筑的角度来看,这就是建筑的奇迹,巨大的穹顶,严谨的设计,耗费几百年时间,用几十代人去完成的一座建筑,凝聚了成百上千建筑师和工匠的心血和生命;一边是宗教的力量,一边是建筑的伟大,另外一边则是对建筑的执行力,几百年间对设计理念的严格遵循,保证了整个设计的理念一致,同样让人惊诧。

米开朗基罗是文艺复兴时期的杰出代表,他完成了部分的绘画和设计,仅穹顶部分的绘画就用了 20 年来完成,距今 500 多年,丝毫看不出来褪色和衰败。不了解人类的创造力如何可以发挥到如此极致,如今的网络时代、科技时代,可以造出众多不可思议的设备或是新鲜事,但是论人类对于艺术的追求和发挥,我实在想不出还有哪个时代可以与文艺复兴时期相媲美,艺术的门外汉,如果同样可以被震撼,那就该是绝对的壮观,如果可以同样被感动,则是创造者的用心之作。

EGNI CAELORVM TV ES PETRVS ET

一生很长也很短,我每天都在质疑着自己的焦躁不安,不能够沉下心用一生来做一件事;但是即便我怎么努力,时光还是悄然走向了40岁,距离卓越自然遥不可及,依然不能够拒绝浮躁,当然也难,这是快速发展的一种氛围,我不能回绝也无法躲避,只能被动奔跑着。看似我永远做不到放下,焦躁于付出与所得之间的平衡,直到这里。

深深吸一口气,这里的庄重,可以清晰地感觉到这座建筑就是一种积淀,那些心血付出者的灵魂萦绕,从没有离开过这里——为之努力一生的地方。这是我两年后才觉出的意味,行走于我身边,与我看向一处,倾听着我的评论,满意于我的震撼感;以前曾是一种害怕,现在则是一种尊重,那是职业精神与信仰的坚持,从未消失,除了少数几位艺术家被世人传承铭记,更多的人已被世人忘记。如果不是信仰,如此工程难以继续下去,所见皆是灵魂铸就的印记,作为努力和付出,消耗掉了生命和精神,增加的则是每一笔图画的落笔、每一处雕塑的传神和那些宏大石头构件的密实感。生命不过是一种转换,如同能量一样,消失于身体,增加于作品中。圣彼得大教堂、米兰大教堂,都是几百年上千年的作品,如此雄伟,因为有付出。深深汗颜不能用一生去执着做一份事业,努力虽然已经远超过了我的初衷,但其实问题的关键是不够专注,只有这些用灵魂造就的东西才能留下印记,不悔。信仰可能就是可以让你为之付出灵魂的那种力量吧,可叹。故仍需选择,先放下执念,然后再执念。

命运钥匙

照片中为圣彼得大教堂入口处的

两尊巨型雕塑之一——彼得的塑像。彼得为耶稣十二门徒之一,也是基督教重要领袖。当天也是奇怪,晴天突然转阴,之后就是瓢泼大雨,让我有机会可以躲在环形廊道避雨,品味教堂前的巨大广场,空无一人,只剩雷电的厚重与雨水的倾泻,是另外一种风范。果真是神奇的气候,之后则又是雨过天晴,蓝天镶嵌于天际与雕塑之旁,风雨转瞬即过。生命如此莫测,看淡的也只有这不说话的彼得雕塑,沉静、严肃、宏大,为我这个过客洗尘,可能因我不是信徒,故必须要有如此的周折,洗刷一下,如同洗礼,也好,也好。

持之命运钥匙,指点身前永远是行动方向,寓意十分,如写给我,也如写给众生。雕塑目光仁慈但坚定,手指微曲但方向明确,这该是雕塑家的刻意表达,表达彼得仁慈中的坚定、方向能够给我们的指引,并不发力,却轮廓感十足,微微弯曲则是对于生活的顺其自然,只有这两方面都做到,才是生命本该有的张弛有度,曲折有舍,也可解释为内心的方向与对自己的宽容,谁能说这不是杰作?

天使城堡

罗马能看的古建筑太多,如果只以百年以上的建筑定义为古建筑,则这座城可以全城皆准。即便是上千年的留存,可以记录的仍是很多,甚至因为地下一层层的时间积淀,堆积起来的历史太多,导致了罗马没有地铁;这不仅是一种保护意识,也是一种无法开展施工的表现,因为你所站立的地方就是建筑,就是历史。

天使城堡最早为罗马皇帝哈德良的陵墓,其得名于屋顶的一座天使雕塑。哈德良为古罗马五贤帝之一,我总是觉得这个名字有点中文意味,也更感亲切,当然这位皇帝确实太厉害,是一位以皇帝为主业的业余建筑大师,作品后文有述,同时也是选定奥勒留为隔代继承人的那位皇帝,眼光卓绝,只可惜让本可以成为哲学家的奥勒留,一生戎马,没有过上平静的生活,皇帝并非他自己最喜欢的职位,但也是别无选择。当然哈德良同样也是有点遗憾,本可以成为最好的建筑师,却同样没有办法回避皇帝这个职位。由此可见,职业有时候真是没有办法成为兴趣,但还是可以如以上二位贤人,并没有怨天尤人,担起皇帝的责任,做得很优秀,但兴趣更是做到了杰出,适用于每一个人,也让我为之共勉。

当一座城市不再受到现代的侵扰,那就会慢慢地沉淀下来,所有与之并不配套的节奏并不能留存,可展现的是一个我所想了解的过去,可展现给我未曾改变的气质,如这石墙,天使城堡的外墙。天使城堡可通往圣彼得大教堂,不过是暗道,我没有找到,由于外墙可见的坚固,加之有暗道,因此后来成为教皇躲避战乱的一个场所,为罗马古城的一部分。这些千年的石头,与我曾经描述的我国粤北围屋外墙极为相似,只是时间早了太多,同样是由大石块砌筑下层,小石块打造上部,利用了类似三合土的原始混凝土浇筑,更为密实。风化在这里的作用并不明显,除了被磨圆,整体看来依然坚固。上部规整则是多年来层层的修补所致，补了又脱落，越是久远，石材越为光滑。同时也有些许不解的地方，为什么石墙下层还有砖墙？或是砖墙外表面的残存，或是后来的修补，只是猜测；为什么有的地方是大石块居于下方，而上方是碎石，而有的地方却是上下都是碎石？或是因为并未剥落表层，同是猜测。

看不懂，就看不懂吧，偶然也许是偶然，偶然也许是秘密，而秘密永远都是秘密，当记忆从这个世界消失，原先的真相就成为秘密，留着，供给那些有缘分的人猜测。如我这过客，触摸过你的外表，一幅幅过往画面，如电影般，从脑海划过，我并不能注意到细节，但苦痛恩怨会深刻于点滴遗漏之处。如此完美的古城堡，让我羡慕且嫉妒，也好像似曾相识。

消失的罗马古城

公元 64 年，罗马大火，让一座古城化为灰烬，留下的都是石头，但万幸的是这是一个时光流逝极慢的国度，像并不曾发生过什么，并未有人挪动。在一千多年以后的今天，我于这个时点站在了这里，一个东方人的面孔，奇妙而有缘。

图中为罗马古城遗址中的一座老教堂，前身是一座神庙，后面可见著名的元老院，再远处则是圣彼得大教堂的穹顶。一千多年过去了，这些石砌的建筑并无变化，只是多了一点颜色变化，是那灰黑色的火烧痕迹，周边的房屋已经烧毁，只留下相接的空洞，可见当年

也只有教堂如此神圣且为石材的建筑,才得以留存。

希腊的柱式结构,表达了特洛伊木马之后的一个时代,也为欧洲建筑最早的鼻祖,是以希腊柱为标志的建筑式样,但已是神庙类型建筑辉煌的尾端。因在希腊有雅典神庙,常被作为典型,其时间段为公元前400~前200年间。而更早的则在埃及,时间段在公元前14~15世纪,如太阳神庙,所以能够留存的神庙建筑,多为始建于公元前。而这座建筑仅存的门廊初建是在2世纪中期,自然算为末期,为当时罗马皇帝安东尼·庇护为纪念死去的妻子而建造神庙中的一部分,可以看出其实多有拼接和重建,从立柱颜色也可见这是大火之后的建筑,但黑色的基础及墙壁年代似乎更为久远。其位于罗马广场的东侧,门廊后面有弯曲造型的顶部则是巴洛克建筑的代表样式,由于巴洛克建筑是17世纪的产物,故该建筑应该在17世纪后又进行过重修,虽只是猜测,但也算是按建筑风格进行的断代,资料或来自历史记载,或是采集自时光印记。

众多的神庙建筑后期都被改造为教堂建筑,但是前脸的造型却没有变化,所以圣彼得大教堂前期同样是希腊柱,后来不断重建扩大才有罗马圆顶及拱顶结构,印证着那句名言:“罗马不是一天建成的。”巨型的希腊柱与主体建筑中间顶是空洞的,可以预见不论是火灾还是时光摧残,前庭部分顶该是木质或是砖瓦结构,否则不会彻底不存在。后文对另一奇迹万神庙的介绍中会有典型的证据,好在保护很好,有的是线索,这是我很喜欢意大利建筑的原因,可以去猜想,可以找到答案,可以拿来把玩,又可以了解历史,可以回溯过去,也可以体验那永远不能重来的艺术巅峰。

记述千万次的万神庙

万神庙来了,世界建筑史上的又一个奇迹。如果说金字塔的伟大在于高难度、大重量的石块堆积,那么万神庙的伟大则是大空间、超重量的

空间构造，堪称奇迹，因为它要比圣彼得大教堂又早了 1500 年，甚至圣彼得大教堂中的巨型铜座还是由万神庙拆下来的铜天花板铸成。可谓是经世历久，偶然与必然，都是前世姻缘，满眼都是历史的过往，荣辱与更替，但无论如何，它因为巧合留存下来，也是奇迹，它应该是世界上保存最为完好的神庙之一，也是保护最好的原始混凝土的建筑。

如前文所述神庙前廊顶部可以清楚见到中式建筑梁檩构造，很是神奇，不了解这部分是哪个时代的新增结构。因查了一下部分希腊神庙构成，前廊与主厅相接的部分也多为石梁构造，不过确实说起来梁檩结构虽然不能历久，但重量却可以大幅减轻，这在中国古建筑中发挥得尤为明显，但这个几千年的建筑，不太可能始于梁檩结构，那最初是什么样子呢？可能公元 125 年的罗马皇帝哈德良也未必知晓，对，就是那位建筑师皇帝哈德良，进行了重修，现在的样子则是哈德良的改造成果，不用质疑这位建筑大师的水准，但确实还要再早 200 年才是最初的建筑，最初的模样已然查无所证。

由于采用了最早的混凝土,这种材料仍是类似三合土,同样在两千年中的各式意大利建筑中一直沿用,主材是白灰,所以颜色接近白色,五层藻井内嵌,内部薄、外部厚,可以减轻整体的重量,结构原理仍然是利用了剪力使受力推至屋顶处。但与所有见过的穹顶结构不同的是,居然!居然它留有一个巨大的天井,这并不是徽派建筑,留个天井的用处是什么?不怕下雨吗?两千年历经火灾、地震、战乱却没有损毁,也许这天井就是原因,当然是玩笑话,不过不能排除中式风水的讲究,因为我也不知道,只能如是说,老子说大成若缺,可能也是此理吧。太圆满的建筑容易受伤害,留点空间,留给命运,只能找这个不靠边的理由。或可能也是为了采光,午后阳光正好照在某一个点上,也许那里有个达·芬奇密码一样的秘密,等待后人挖掘。对我而言,美得一塌糊涂,还能说点什么?会不会是外星人的作品?

设计的力量

罗马,这个如静止一样的城市,安静且厚重,静止不变的是那从未改变的性格;与之对照的是沧桑的旧景,有着我最喜欢的石头小巷,并不见柏油路的罗马,是我从未见过的城市,也是全意大利的写照,这个靴子图案的国家,从一开始就有着充满创造力的过去和未来。还有这儿子与之合影的小汽车,很小,是老爷车,但一点都不觉得土,是可爱,是精致,可能

他们早就预见了时尚的轮回,或是经典的时尚从来不会衰退。

意大利虽然不是工业的顶级强国,却有着法拉利这样的超级跑车,设计的力量是这个国家完全不同于任何一个国家之处。之前说的罗马皇帝哈德良都可以是一位建筑师,米开朗基罗、达·芬奇等耳熟能详的艺术大师只是文艺复兴时期的繁星一点,是距离我们比较近的几颗。看过后来的皮蒂宫、乌菲齐美术馆满眼的艺术品,才让我了解艺术家原来也是扎堆出现。因为厚度极深,氛围极重,才拥有数不胜数的杰出艺术家,虽能够被世界赏识的成为家喻户晓的大师却并不多;无奈也是时势造英雄,竞争太过激烈,确实不代表他们的设计、绘画水平有所差距,只是成功很多时候需要偶然和水平之外的东西,也是机缘巧合,有点运气成分,如能被我今天所见一般。

在我的眼中意大利没有不是文物的东西,满眼望去,百年之内的建筑少之又少。建筑本不该有使用期限,如果可以用 500 年去建造,自然也是可以使用 500 年,如果只愿意用几个月造就房屋,自然也就是短寿命的建筑,这既浪费材料,也造成了环境的污染。一味强调现代化,遗失的可能是我们传承的文化与我们对于建筑的热爱。每个孩子儿时都有这样或是那样的梦想，如同我的建筑梦，长大后的群体急躁，一样让我慢慢失去兴趣和耐心，估计梦想就是如此磨灭和消失的，故更感叹意大利的顺其自然。如这些方石的路面，并不是柏油路能够替代的，虽然看似不够时尚，但当它磨平之后那种感觉圆润而踏实，是时间和来往的人不刻意的艺术雕琢，才给予的展现空间和真实的艺术感，真正的艺术往往是实用主义的最佳表现。

这个国家的人们不在意一辆车是不是加长的，悠闲且喜欢自由自在，本身就是一种文化。欣赏得如醉如痴之时，仍在感慨我们的遗失，可以写在书中的千年古建筑很多，但能够见到的却基本没有，同是文明古国，我们可能更喜欢新潮和流行，摒弃旧的和过时的事物，但往往容易丢掉宝贝，虽然有些东西确实已经落伍，但对于文化而言，却是一个民族的灵魂与根。我曾经说过，一个民族的根基在于文化，我们不应该仅给子孙后代留下一堆没有用的混凝土，丢弃都无处，更不应该让他们无从了解我们曾经的样子，所得都无门。

小城奥尔维托耶

小城奥尔维托耶悠闲的生活甚至有点慵懒，但这幅场景确实让我向往，两个孩子、一条狗、有运动、有生活、有爱心、有陪伴，这本该是生活的样子。虽然对我而言既不会养狗，也过了二胎的适宜年龄，只是对于这种生活状态倍感亲切和十分渴望，搭上如此古典的街景，惬意舒缓。漫步小镇，没有大的市场，但有些小公园，没有仿古建筑，只有千百年来留下的旧居，建筑与人可以相伴几十代。

树上掉下的大松塔，还充满着松子，味道醇香；看到松塔，松鼠蹦跳着过来，似乎告诉我这是它的遗漏，而并非该是我的所得，我只好放下。遇到人并不跑开的动物，透露着人与自然的和谐，不再显现那无处不在的压力或急功近利的争夺，有点少见，确很难得，让我释怀，长舒一口气。

世界各国的建筑风格差异巨大，但欧洲的建筑原点该是这里，中西欧目前去过的国家少，仅此一国，但窥一斑以现全貌，可猜测建筑风格应该接近。虽然也眼见流浪汉露宿街头，整体而言在经济持续下滑的这些年，他们还是习惯把生活看得更重一些，这个想法与我相仿，但不了解在残酷的世界中是否正确以及能否延续。但他们确实在坚持一些东西，传承一直的匠心，坚持制作的工艺，不遗失骨髓中的创造力；而传承那种天生艺术的感觉，在我看来是经得住时间考验的，至少我看到的是那些更为珍贵和值得保留的东西，有些落伍其实是一种生活态度和习惯，有些放弃则是一种智慧的取舍。这个富有创造力的国度应该会是创造力不死，未来相信会再次文艺复兴。

链式吊装路灯

意大利的路灯安装式样很多，如图示这样的链式吊装灯最为普遍。天空中划过一条条的电缆，显得凌乱且扰乱了画面，天空也被分隔，但这些混乱，我还是能够接受，可能因为蔚蓝的天空，或也可能是随意，不那么死板。

作为工业发达国家，路灯在这个国度出现得要远早于我国，所以应

该说几十年来并没有发生任何理念的变化，所以才会延续这样的一种布线方式，或已经是几十年的物件也不好说。自然说不到什么好，但可能不变在这个国家就是一种习惯，没有什么重新的投入，也没有垃圾和浪费的产生，但不代表不节能。如我一路所见，他们的声光控灯在室内应用更为普遍，而非我们仅限在公共空间，这其实是节能深入末端的一种体现，让你会觉得这与室内古朴的陈设反差很大，古老之中的与时俱进。在国内应用于室内的情况并不多，这确是节能的实际执行，光靠着公共空间的节能，很难证明节能已深入人心。他们对于照明的改良设计，不是缝缝补补的那种将就，而是尽其空间的最佳利用，不讲样式，只讲效果，从链式吊装路灯到室内的节能灯具，都能看到大道至简的理念。如这路灯安装方式，可能最大的好处就是灯具可以装在路的中央，光效的利用最大，最为方便车辆行驶；当然也有不方便，则是大型车辆限高不便通行。但其实想多了，因在罗马城区并不存在大型车辆，连一些中小车辆也是禁止驶入老城区的，不是限行，而是禁行。

考虑到供电系统将会很零散，作为同行，我很好奇是如何解决电源问题的，难道是用户内的私家用电？或是单灯供电？没有答案，留点疑问，有些时候国情、民情不同，设计的思路会大相径庭，不提好坏，只当做一下记忆中的笔录。

罗马的电梯

罗马是意大利的首都,作为首都,超高层建筑不是凤毛麟角,而是彻底没有,也是奇葩。据说这里的保守派一直慎行,故景色也是独具特色,如都变成了纽约、上海,对于这个国度确实不妥。这里的建筑多数都是三四层,看得出来如果退到一二百年前,也是如此,曾经的辉煌一览无余。但站在当下,所住的老旧宾馆,荣耀在今天荡然不存,不过那种古色古香依然透着无处不在的雕塑可以闻到,十分神奇。

现代的东西居然也有,如这电梯,是一个解剖版的,虽然过于老旧,仍在使用,叮叮咣咣,老而弥新。但是对比这建筑,看得出来还是年轻很多,电梯是工业革命之后的产物,房子则可能是罗马帝国时代就留存,电梯自然为后增设的设备,可能是最近几十年才有的产物,逐层的人为开洞也可以证明。国内后增设的电梯多为室外观光梯,在这个楼梯中设电梯,倒也是把剩余的空间完美利用,而且还融入了现代的设计理念,因当下电梯的位置一般与楼梯相邻,所以如此安排并不觉得累赘,更多的是方便。由于电梯没有了外壳,节约了很多空间,这是最大亮点,除了每层入口处是铁网做的手拉门,除此之外一切裸露,也是简约到极致。导轨逐层固定在楼梯的铁件上,工业革命的印记依稀,厚重且坚固,虽没有规范支持,但给人的感觉十分安全,这才是一个致敬工业革命的物件。

人类用蒸汽机开始第二次改变世界,从此一发不可收拾,一百年来也是越走越快,百年间想要留存的这些古旧,不管是生活习惯还是老式建筑,都变得远比几个世纪之前要难得多;即便在一些坚守和坚持文化与信仰的国家,也变得松动,全世界在变小、变平,相互影响会产生一种同步加快的趋势,让传统和文物消失。可见在不远的几十年后,意大利的古老,也许会随之消失,能看到,是这个时代人的幸运,能够把这种感动予以记录,则是我的荣幸。

罗马大学

我喜欢大学里的氛围,可能是因为自己一直存有大学的遗憾。曾经努力拼搏,但却没有考上本科,在一所大学读了专科,还好,学校很古老,管理也严。虽然只有短短两年,也是人生中最轻松的两年,谈对象、摆夜摊,但仍努力学习,见识了大东北的人文风情。有时候也挺佩服自己对于各种环境的融入能力,虽然有点慢,但却因为诚恳而终被人接受。

罗马大学论世界排名是在清华和北大之前的,也是因巧合居住得很近,每天可以散步走到,面积不大,没有国内大院校的排场,也是因为假期,学生并不多。与这个国家多数的老式房子一样,也有很多历史悠久的建筑物。如照片中这个长相奇特的建筑,很像是缩小版的万神庙,窗户很有特点,圆形的窗户,如钟表面盘的细致刻度,却可以沿中轴对外打开,一如既往地把艺术细胞发挥于细节。不了解这是不是图书馆,但在罗马大学内确有很多个图书馆,同样也是这个大学的重要特点之一。

门上的几个大字,翻译软件无法完整译出,大概意思是“全部的智慧”,与长者浮雕对应,可能这就是书籍的力量吧,或者说明成长与阅读都是一个循序渐进的过程。有人认为意大利的教育不能算得上顶级,毕竟没有世界排名前十的名校;不过我倒是觉得这个不重要了,博洛尼亚曾有着世界最早的大学,并且是学生自我管理的超前模式,虽然经历世事变

化，变得没落，但是关于教育的尝试如他们对待艺术的态度一样，感性且大胆。我觉得教育之所以称为教育，就是有教有育，一个是教授知识，一个则是培育成长，俱到才可完整。而教育的结果则是超越，只有超越才是前进的动力，才有站在巨人之肩的意味，故学习唯有超越才对得起老师。

每天在和儿子的“斗争”中，其实发现我既是儿子的老师，也是儿子的学生，或可以说我是他的崇拜对象，而他是我成长的导师。并不为过，男人没有孩子，难以真正地成长。所以成功的教育远远不是精英教育，那是被误解教育的意义，教育是一种人性的磨砺，是简短了解如何使用“武器”的人生过程，之后才是你挎刀驰骋的职业生涯。用创造力去合理使用手中的“武器”，才是其意义所在，所以好的教育是留有人之天性，留有创造力。在这方面我觉得国外的大学做得挺好，看着国内的孩子为了作业而痛恨学习，我深感难过；其实学习无错，而是方式有错，可能我们迷失已久，何必抹去他们天生的样子，太可惜。

时光小道

奥尔维托耶的小道，似乎整个意大利都是如此的道路标准，与之前的小道一样都是小方碎石路面，道路弯曲如同我们的胡同，但又有不同之处，如后文的威尼斯叹息桥一般，走道多会出现拱顶，但并非走人，或仅是装饰。植物随意生长无人打理，也并不影响道路，灯具更为随意，有拱顶安装，也有壁装，光影之下，慵懒午后。

有时候说看到的景色，就是一个人的心情。不了解这古街是否可以反映我心中所想，随意的路灯是否关联我的专业，小道是否影射我内心的狭隘，房屋之间的连廊是否说明我渴望的安全感，曲径通幽的延伸或是自己对未来探求的渴望，如同弗洛伊德的解梦。但，郁闷还是郁闷吧，总会如此，但不会一直如此。

在我们的世界中每天都会有阴晴圆缺，如我去劝慰别人时的看开与淡定，都是口头，难上心头，虽然知道人一生从何而来，也会从何而去，但却是仍然放不下。对于存在感的依赖，在这个 40 岁的年龄尤其明显，不想被人忽视，但又慢慢变得虚弱，没有力气，但又渴望维持，于是开始了掩饰。有些东西其实写出来能够好一点，可能是一种释怀，但是文字有毒，文字的操控力与年龄对性格的操控力是一致的，不到火候，容易走火入魔，现在才懂得金庸先生为何有这么一种说法，其实可能还是隐喻于写作之中的感受吧，事实也是如此。我在进退两难的生活转型夹层中艰难地活着，也不知道何时才能安然度过，不能说每天的心情都那么糟糕，但却是为了不能改变的琐事、做错的决定、犹豫的徘徊等，反复忧愁，白了头发不算糟，但不知道如何让自己释然，才是真正的郁闷，放不下的那一部分内容如果看不透倒也没事，可惜看得懂却做不到，才难。

圣母百花大教堂

佛罗伦萨的圣母百花大教堂，世界第五大教堂，没有进去，来了就已经是闭馆的时间。第二天再路过，又有了新的任务，排队人也是众多，没有进去也就无法了解里面的穹顶绘画，据说比圣彼得大教堂还要惊艳，只能从资料中略知一二。

在意大利行走，教堂看了不下十座，不管大小，每一座教堂不仅是规模有所差别，样式风格也是各有特色；都是从零进行设计，总有独到之处，

看得出并不是一个模式的嵌套复制,有了最大的,有了最高的,也有了画面最美的,甚至墙面也会有最为个性的,仍然挡不住设计者更多的别出心裁,每一座教堂似乎都以一种独立的性格和概念示人,这才是设计,所以这里是教堂的世博会。世界最大的五座教堂有三座在意大利,分别为圣保罗大教堂、米兰大教堂、圣母百花大教堂,我此行都去了,其中只有这一座是多次路过而没有进入,但触摸了它的外表。圣母百花大教堂是最大的圆顶教堂,后来在叫作《但丁密码》的一部影片中,对于其内部的构造有了或多或少的了解,仅从外部来说,这是最亲密接触的一座教堂,似乎更为平易近人。常坐在台阶上歇脚,因走得太多,实在走不动了。原来并不了解佛罗伦萨内城是不允许走汽车的,所以停车后,只能徒步一气乱串,城不大,被我横扫;直到第二天才知道了一些捷径,但腰又疼了,这腰已经不支持长时间行走,尤其是旅行,健康就是如此一点一点丢失,并且再也回不来。

看着太阳慢慢西落,教堂砖红色的外表尤其显得生动,复杂但不混乱的外立面,各种雕刻都看得很清楚,在没有突兀构件的地方,则是平面的绘画,满满当当,不能再加一点修饰,巴洛克风格的一种表达方式。立面细分为以下几种:一为深入式的藻井窗,用来突出立面的立体感,圆形藻井的内壁又有逐层浮雕,中间设有圆窗,圆窗上则是莲花状的镂空石栏,精致禅味,圆润饱满;二为壁龛式的教皇神像,与国内寺庙的神龛是异曲同工,每尊神像又是神态各异,并不相同,表达着各种《圣经》中的故事;三是巴洛克式的大门,其作者吉贝尔蒂将自己的一生都奉献给了这两扇大门;照片中是他花了 21 年打造了北面的青铜大门;照片中没有显示的另外一座大门则被称为天堂之门,更是用去了 24 年,堪称一个工匠的一生,极致付出,极致华贵。如这老城市一样,古典雍容,这应该就是建筑立面的最佳效果了吧,也该是建筑师该有的为建筑奉献一生。我喜欢简单,但这复杂的美让我不得不选择尊重和接受,有些美到了极致,是不容你说不的，可能这就是完美之美吧。

翡冷翠

圣母百花大教堂侧立面前的护栏、自行车与鸽子，光影开始显现，大理石边缘的鸽子慵懒地停在那里一动不动，也是享受着日落西山的温暖，自行车则锁在护栏上，证明着一种健康运动的生活，这是一幅我很喜欢的场景照片。后面是庄重的大理石墙面，条石的基础分层退台，形成楼梯。大理石和汉白玉按照天然颜色分层横竖布置，腰线同样不只一层，极尽豪华。短短墙角一处就有两层腰线，白色汉白玉与绿色大理石相间，仅靠天然分色就形成了一幅既天然又有意境的画面，里面是无上的敬重，外面却是简单而自在。

佛罗伦萨在徐志摩的笔下被称为翡冷翠，我想就是如此一般的意

境吧。其实整个城市的色调多为暖色系的粉红，徐志摩所见与我今天所见并无多少差别，多的是温暖和缓慢，老桥上依然熙熙攘攘、人来人往，并不见行色匆匆的路人，更多的是闲情雅致的游客。我能够站在这片神奇的土地上，足够自豪，深吸一口浪漫，一片多情与善感的土地，虽不像是罗马般的庄重和厚实，但色调却一览无余，确实更多了些许简单和松弛。缓慢的节奏，欢快的颜色，强烈的艺术氛围，众多的人文故事，善解人意又深藏辉煌，可能是这片土地独有的一种风情。

对比徐志摩所站立的近百年前，依然是婉约如初，不曾改变，但又像是与我曾经相识。鸽子无语，一代一代，无忧无虑，总有路人给它们喂食，习惯了与人相处，并非是自然界的必然，也是一种人为的习惯包容，才成就了和谐共处，一种包容的民风，才有相互存在的空间。如果渴望太多，你失去的是简单的快乐，小鸟失去的是生命，古城失去的是性格和未来。既然精彩，那就留住精彩的那一部分；既然简单，那就留住简单的生活。

何为艺术

一幅镶嵌于餐桌上的图画，另外一幅则是油画，真实感都让人叹为观止。其实我最喜欢的是描述美杜莎的一个盾牌，不敢拿出来再次展示，先留在图片集吧，因表情色彩实在太过真实，传说看过美杜莎的脸，观者就会石化，为了安全，不敢拿出来让读者看。虽只是个神话故事，但是可想古战场上，看到盾牌中如此逼真的美杜莎头像，怎么能让人不分神，一分神还不被对手抓了间隙，手起刀落……当艺术的表现力达到了可以以假乱真的程度，我想也就是身心合一的一种状态，为精神与身体的完美结合，为艺术的最高境界。

文艺复兴中所见到的是艺术家的集体狂欢，一个人的癫狂造就的是一本名著、一部卓越的作品；一群艺术家的集体癫狂，则是一个时代的出现。形成文艺复兴的两个前提：一个是艺术的文化氛围要存在，另一个是要有一个有传承艺术血液的民族。恰恰在当时的古罗马都存有，强大的罗马帝国正处强盛期，政府、贵族对于达·芬奇等艺术家的大力支持，而意识形态又不予以限制，再恰逢一个人才辈出的年代，才有如此经典作品，所以文艺复兴的出现相当不容易，是几千年来一种艺术习惯的传承和坚持，是一个时期多种因素相互催化、集体爆发的结果。与意大利相邻的两个国家：法国是世界时尚之国，时装设计引领全球，而德国则是工业制造之都，机械设计领冠全球，多少是同受到文艺复兴的影响。

有时候说孩子的教育要看父母，很恰当。传承是一种发展的内在动力，将引导未来的走向，故传统文化并不会过时，而是民族之灵魂，是我们赖以生存的祖传本事。而建筑传承则是来自于工匠，工匠青出于蓝，让工匠可以成为名匠，才有了技法记录，哪个杰出的设计师又不是一个优秀的工匠呢？米开朗基罗绘制的穹顶图也是耗费了多年，谁敢说他不是画家，对于艺术的认知，绝不是名校、名师、机会，更重要的是能够坚持、传承，再发扬，尤其是那些不被现代所改变的东西。

可惜我都没有，入行之时就渴望有个老师，但偏偏就是没有，也是多数新人的困扰；好在贵人遇到很多，都会出现在某个阶段，来指引我人生之路，但仅是人生导师，并无专业老师。似乎专业对我来说从来都不那么重要，导致的结果就是我今天只能坐在这里胡写，因为无人约束，没有老师，自然也没有了传承。每当有人问我的毛笔字是什么字体，我很愁苦，难道没有老师，就不可以自创一体吗？只好和别人说是白体，被人耻笑，但确实是真实的。没有传承是可耻的，但却是命运给我的安排，无意中走上写作的道路，同样被别人耻笑和质疑，但无力解释。质疑从来都有，但是风格源自随性，怎么能去给别人解释自己的灵魂？还是沉默吧。曾经告诉自己,哪怕是爬,我也要爬着走向成功,去证明给别人,回头看看多傻、多无聊,哪来的坚持,哪来的对错。在别人没有认可你之前,任何创造都是错误的,当你被人认可,你的所有的错误又可以被别人当作正确,被人蒙蒙地理解称赞,还是收拾一下感伤和同情心,选择无视吧。艺术来自孤独,并不需要与人沟通,只需要坚持表演,直到找到自己的“提奥”,或早或晚,不用太当真,或本来就是一件自我安慰的事情,没有结果很正常,也不代表你白活一生,别无他意,过程确实可以选择轻松地走,这是关键。

费拉拉的窗

虽然小城费拉拉更像是一座城堡,因为有一座四面环绕护城河的完整古城堡,让我记忆颇深,但这里不介绍这座城堡,因为这里更适合去表述意大利的窗。这座环形建筑很特别,印象很深,镂空环形内庭的建筑让

窗户难于安装,但安装之后的感觉则更加奇妙,因为我们现代建筑常去躲避对视,而这里选择了全方位的对视,让对视成为一种沟通的方式,而建筑设计师想表达的该是温馨。

意大利的窗户都设有窗套,或金属,或木质,或石头,分层的设置与我们国内相仿,底层也会有铁艺,用于防盗,感觉真是好铁,很粗悍;虽有锈蚀,但时光给纠缠不下的腐蚀和坚固做了一个调停,达到了腐蚀的平衡点,不再发展,感觉如几个世纪的老铁,并不扎心,只是安全感。这时下的新名词不知道能流行多久,不过文字的组合确实可以让不变的字组合成密码,解构我内心的所想所痛,这就是文字与读者关联。而建筑、绘画、雕塑则是艺术的升级,把泥土、颜料、钢铁的一种或是几种组合起来,连基本的构件和元素都不能看透,艺术感则更加强大,这种情绪不再是普通观众能够一目了然的,为上了双层密码锁的艺术,需要观者与作者在一个层次和方向上思考,与作者创作时保持同样的感情思绪,与作者接近的艺术品位,才可以解构其想法。如好的酿酒师是很厉害的,却必须由好的品酒师来做品尝,才是价值的体现,否则没有人去赏识酿酒师,品酒师也难有出落,世间之事越是伯仲之间,越是精彩。如周瑜被诸葛亮衬托才有了光彩,也可以说成对手决定了你的高度;而梵高如果没有提奥,今天仍是难以被人所知,这是营销的杰出之处。所以技术和营销其实是两码事,却是相辅相成的。

扯远了,回到建筑本身,接着说窗户。二层之上则是百叶窗,多数均为如此设置,需要防盗,需要遮风挡雨,需要采光,需要通风,也需要婉转婀娜,功能和意境即为如此。西方建筑的百叶窗是我认为柔软的西方建筑文化之一,与之对应的是一层的铁窗,一边为实用和婉约,一边为冰冷和坚固,这可能才是建筑物性格的里外两表,也算是窗户现实意义的引申吧。

于我这样一个傻傻观众,理解的偏颇和自我,自己都觉得好笑,可能还是喜欢,爱用自己喜欢的视角去看建筑,理解建筑,瞎说也好,分析也好,都属于个人感受。尤其放了两年,回忆醇香发酵,再回头看,理解到的都是建筑以外的特质,一点不觉得那是座没有生命的建筑,而是一个可以对话、渴望交流的建筑。希望未来也有人可以与我隔空对话,一切如风,一切如尘,一切又是无处不在。

威尼斯的天

阴沉只是因为刚刚雨尽,空气的味道很好,站在四层的小窗前看着远去的河道与熙攘的人群,红色的屋瓦,黄色的墙面,潮湿的心情,似乎证明着这里情感的丰富,是的,这该是一个接纳移情别恋的小城。与严肃的罗马、雍容的佛罗伦萨不同,这里更多看到的是离开与登陆,一波接一波,从不停止,几千年间,留下的是历史和记忆,带走的则是每个人短暂的停留。威尼斯商人的印记犹存,这里仍是各色人物交汇的场所,一出戏刚落幕,一幕戏又开始,从没有停止过,唯一不变的是这多变的天空和漂流在河上的贡多拉。唯一的一次讨价还价,是因为乘坐贡多拉的价格,船主看出了我还是想坐船的,追了我好几步,与我还价,其实还是觉得太贵,我鉴于在国外的面子问题,语言沟通也实在有障碍,便告知不坐,但是船主还是追了我很久,走远了还在嘟囔,一如印证着那种威尼斯商人的性格传承,是的,这个城市的商业气氛确实太浓。夏洛克虽然破产,但这个城市的现代夏洛克还是一茬一茬,广场上有着高价卖鸽子粮的中东人,还有变着戏法骗人的小贩,虽然都是有点小骗的意思,但我真心看着也不容易,并不在意，可能我心中还有安东尼奥的影子，并不在乎我遇到了谁，而是在乎我是不是遇到了自己的内心。

我虽告诫儿子要做一个诚实的人，其实心里也知道这个很难，但告诫他一定要做一个不欺骗自己的人，再苦再累都要按自己的内心指引去做，而不是让自己的内心陷于纠结。最近的股票做得很烂，卖了就涨，买了就跌，但想想都是必然，成功怎么会不交学费和学时？都凑够了，才能毕业，大人尚且如此，安慰自己，欺骗自己，更别说孩子，很多结果都是自己一步一步造成的，无论好的坏的。想到和做到实际是相去甚远，只好宽容自己和孩子，心向宽，路则宽，心向善，人皆善；善待自己，才能有更好的明天，这可能是人生最大的实话。

威尼斯的夜

威尼斯的与众不同之处是极其宠爱音乐，让人感动和惊讶。圣马可广场每晚都有音乐聚会，既不是残疾人，也不是落魄者的舞会，自然也不会放个钱盒去乞讨，观众最多是自愿购买 CD 或购买店家的饮料。绅士的乐者陶醉在夜色之中，而非只是仁慈，这是音乐应有的尊贵样子。这里可以体验多种音乐，爵士、布鲁斯、乡村音乐都有，很棒，我还买了一张有生以来最贵的 CD，20 欧元，因为盗版的听得太多，这个价格自然觉得有点小贵。路过的人很多，听众也不少，鼓掌的人自然也多，但是购买者却不多，也好理解，对于音乐本身的认可确实远不及明星的效应，这是常理。但在那种氛围中，于我而言还是觉得很值，可能音乐还是属于知音之物，才可以如此接受和付出；而我一个中国人可以去购买，可能是国家强大、购买力提升的表现，更深层则是触碰到了内心曾经相似的生活，那些地下通道的年月，看尽人间冷暖，也看到过别人的肯定和鼓励，那种被认可的感觉是难以忘怀的。何况乐者水准如此之高，感动之后的认同，现在还拿起来常听,家人似乎没有什么感觉,我却是听出了振奋,有时候音乐的励志可能就是如此。

这里的音乐家是真正的艺术家,为艺术坚定前行,琴瑟相合总是希望能有真正的听者。而我觉得自己也真是,但作为歌者我却做得不够好,对比我曾经在地下通道声嘶力竭怒吼乞讨的日子,觉得音乐本该就如此有尊严地存在,而我多有亵渎,我也在反省,确实可能太怠慢,总把音乐当作一种纯粹抒发感情的工具,忘记去雕琢,一边渴望听众去理解我的情绪,一边模糊了歌词本身要表达的意境,所以还是要学精,方可横行。艺术需要到达一个境界,才可以寻找出路,书法也好,弹唱也好,写作也好,无不是如此。当下之路则是隐忍,因你尚不能把风格变为美感。

冷风中,度过了行程中最美的夜,聆听了行程中最美的音乐,体味了广场上鸽子的肆意夺食。我曾经无意中看到了儿子课本的一些内容,他

们正好学到威尼斯一课，行程之后他并没有和我沟通或表示有收获，也不了解他是否珍惜这次旅行，开心就好吧！儿时我也曾读过威尼斯，才有了这个梦幻般的水城概念，一直难忘，那时候的好奇心推动着我去实现这个梦想，如今梦想实现了，但会不会毁掉儿子的梦想呢？不知、不解，关于给予多少，永远是个难题，也永远很矛盾。

米兰世博会

米兰世博会，我来了！原以为只有上海世博会会有那么多人，看来是我错了，和国人没有半点关系。米兰世博会同样是人山人海，如同长龙的队伍看不到头，很多场馆胜过了上海世博会，早知道我可能会改变行程，也许世博会只属于那些长期居住、走到兴趣皆无的闲人。一天的时间也没进去几个馆，尤其法国馆在排了三小时队之后，再没有时间和精力去排其他的场馆，在中国馆和日本馆纠结了一下，还是选择去看已经关闭了一半的日本馆，却是唯一留有印象的场馆。与意大利毫无关系，记述着另外一个执着的民族，在日本的章节中已经有过介绍，但还是不得不为日本馆的别致和创意点赞。在黑暗中，在光影轮换中做出的3D影像实在生动，并存意境，配以日本固有的清淡文化，倒也把本该是我国文化的山水园林演绎得十分逼真，静怡、柔和、淡雅；尤其是光影书法的设计尤其深刻，投影之后把书法本身的精神投照了出来，这种创意让我至今难忘。

之前已经发表过很多关于书法现状的看法，不想再去赘述。作为中国骨子里的文化传承,我想毛笔书法应该是最恰当的表达方式,因为我们有山水画,但西方有油画,我们有意境,但西方有细致,并不能分出伯仲;从细腻的角度来说油画可能更胜一筹,但书法却是我们老祖宗独创的宝贝,文字包含了声旁和意旁,本身就是一种意义的表达,而用笔的笔法不同,表达的感受和性格又会截然不同,才会有字如其人的说法。这为中国的经典艺术,在日本馆看到多么遗憾。当下我们可以让孩子去练舞蹈、跆拳道、绘画、奥数,但是对于这种文化和艺术的传承却不如日本,学校也并不予重视,这本身就是一种思维迷失。当我们需要表达一种感情的时候,电脑虽可以打出文字,但如果想通过没有关联的文字去了解作者,那机打的文字则无法看透内心,这时书法则是每种精神、不同作者的最佳载体。毛笔也不只是一种书写工具,更是千年来中华文化的一种刻意保留,但如果没有普及,哪来的传承。

米兰大教堂

辉煌的米兰大教堂——耗时六百年建造的杰作,我来了。如果说圣母百花大教堂和圣彼得大教堂是同一种风格,是古罗马神庙风格与拜占庭圆顶的结合与演绎,那么米兰大教堂则是哥特式建筑的极致表现。西方古建筑主流流派还有巴洛克风格,但时间相对靠后很多,以内部奢华和复杂、外部多有拱券为主要特点。这里提及,是因自我理解其为哥特式建筑的引申和发展,而米兰大教堂则堪称哥特式建筑的巅峰之作,应该后人很难超越,不是建筑技艺,而是建筑设计,其繁多的尖塔插入云间,外形复杂精致,在顶部的表现更为强烈。也不再采用不同颜色的石材分层砌筑,颜色单一,全部为白色,庄重而雄伟。采用大理石的雕塑进行堆叠,直至不能再高,塔尖以矗立的一座人像结束,顶部镂空石雕则是主要特点。雕刻一件一件作品并不算太难,但是雕刻放眼数不清楚的作品则太难,这就是为什么难以将其超越的原因，现代人可能再无如此耐心去历代雕琢，把精致和复杂演绎到了极致。同样是建筑中不能再经典的作品，让我膜拜，通过意大利对西方古建筑已经可以大概了解一二，虽不是全部，但足够典型。

行程接近尾声，对于几座大教堂的震撼不能用言语表达，可能也正是宗教的力量让我们可以看到跨越千年的艺术品，也正是因为信仰的力量，才能使几十代人前赴后继地去完成一项工程。这次行程让我对于信仰的力量有了重新认识，人们在如今的科技水平之下，宗教信仰仍在扩展着影响力，以前不解，现在已能够理解。人活着或有压力或有迷茫，总会有脆弱的那一时刻，也会有对于死亡的畏惧，但信仰是给予脆弱人们的依靠，因所有痛苦需要的仅是一个来自内心的安慰，或是善意，或是坚强。生命最不用质疑的也就是死亡，并无可选，但依然困扰我们，确实恐惧，对于自然不够了解，对于未来不够了解，对于现在过于依恋，都会产生无尽的恐惧，其实并没有办法。从内心而言，每个人都是孤独的，因为以个体存在，那必然心有秘密，这些都需要一种信仰让你可以去倾诉，让你可以去忏悔,让你可以原谅自己,让你去释怀过去,让你觉得你不再孤独,让你觉得有人与你一同战斗,可能这就是信仰的力量吧,但不仅限于宗教的力量,这也是我一直在追寻的另一途径。老子在寻找,苏格拉底在寻找,尼采在寻找,中国式的智慧并不曾走远,古典的哲学也还在流行,但需要百家争鸣之后的殊途同归,这条路还很远,这些文化且走且珍惜,且行且发现,无不快乐。世界大同,其实只是角度不同。

再见米兰

再见米兰,再见意大利。已经离开了七百多天,但记忆仍然萦绕,这就是经典的力量吧。其间经历了焦虑症的大爆发,又渐趋平缓,尝试宽容自己,又不停地让自己努力前行,累死的节奏并没有发生变化,生命的执念就是我自带的性格,难以改变,如此就如此,我顺其自然地漂泊于精神世界的围城之中。

米兰虽然顶着时尚之都之名,但视觉中的色调居然都是灰白色,或是本来就如此,或是历久而形成的沧桑灰白,或是致敬米兰大教堂,但这让我对永不落伍的颜色有了新的认知。以前曾认为经典色是白色或是黑色,走过这里,觉得可能都不是,只有这白与黑交杂,产生纠缠不清的灰色,不能说清楚的好坏与是非,才是世间的真实印象,也可能更经得起时光磨砺,故世间并无绝对。

规则的立面条纹与分隔,铁栅栏与木百叶窗一样为灰色,都是那么沉默,厚重与庄重依旧,让人觉得内心暗淡,但完全不觉陈旧。米兰的阳台在多年后再看,才发现原来表达的是简单的生活,没有封闭的阳台,坐在椅子上可以聊天,透露着生活该有的惬意和随性,而那灰白色石头中的一抹抹绿色,则证明着生活的情调从未离开,这是我多么渴望的精神世界。后来我也养花,但不成功,不过接受了这种情调。也开始了养小鱼,发现跃动的生命，限于条件，不一定要有自由，但一定要有伙伴，要成为群体，无聊也是一种生活，但不能没有社会；所以我释放了水缸中唯一的一条泥鳅，不幸的是，它已经有点抑郁，不再活跃。任何动物都一样，远离悲哀，就体验不到快乐；远离快乐，就不知道悲哀其实也是一种力量。不了解的世界，我看不懂，也不再看，不再研究，做好现在的自己吧，不做掩饰的自己即为最好。焦虑依旧存在，从未离开，也许我还可以和它成为朋友，为不可或缺的难得体验，因为它给予我的是安全和警示。再见意大利，再见过去。

4. 蒙古之曾经辉煌

你终是你，一路往南，百花开放。

我还是我，一路向北，满眼荒凉。

这里是梦开始的地方，后来是梦结束的地方。

从前觉得一个人很好，自由。

后来觉得两个人也很好，快乐。

再后来变成三个人、四个人，甚至五个人，有了烦琐，有了改变。

二十年过去，却发现已无法失去这样的生活。

害怕于一个人，孤独于两个人，是老了，学会了害怕。

仍有冲过去的勇气，却没有回到从前的勇气。

补完了意大利的记忆，在去俄罗斯之前，再补充一下 2016 年仲夏的蒙古之行。我们的一个邻国，甚至与我的家乡毗邻，曾经同为一个地区，但如今也是外国，俗称为外蒙古，而我家乡则被称为内蒙古，这种分割始于 1921 年，之后虽难见彻底消失的民族印记和联系，但毕竟很快就是百年，它们的差距还是在拉大。历史总是如此分分合合，正确与否却很难评述，只剩既成事实和数不尽的悲欢离合。

这是一个简单的国度，曾经的辉煌已经不再，能够传承到现在的仅剩强健的身体。如今感觉故事很少，极少有被人关注的新闻；人们的表情也很少，多了一些木讷和冷漠；言语也少，在交流时对方没有太多兴趣，沉默似乎是一种习惯。

所去之处是其一个小镇扎门乌德，位于蒙古的南部。由于蒙古的发源地在北部草原，草美水丰，自然能代表游牧民族的特点，而这里是以戈壁和荒漠为主的自然地貌，一直都是一道天然的分界线，可能这就是分割国境的天然理由。扎门乌德在我眼中俨然就是一个小村落，但居然是蒙古的第五大城市，人口几千人而已，所以对于一个人口稀少，且多以游牧为生的国家，城市能够了解的内容，实在没有太多；只是不知道以后是否还会重来，从心而言觉得并无必要，或也难有机会，能有多少见闻就叙述多少吧。另外也怕以后真是没有机会，遗漏了这段时光，成为一种遗憾，与一座城、一个国的交往也是缘分所致，人生短暂，能够路过之地，多数是偶然，在此能够相遇，已是有缘，因为无缘之地、无缘之人明显要更多，故我也珍惜这段行程。

荒凉

扎门乌德是荒凉的，并且是炙热中的荒凉，有沙漠的感觉，去时不是冬天，冬天该是漫天风雪中的极寒，气候更不容乐观，但却有人居住，很好奇,如此极端的居住环境,人们怎么生存,没有草,看不到羊,只有荒漠。蒙古在过去的一百年间差不多保持着同一种生活状态,没有变化,依稀可以想到酒精和羊肉对马上民族的重要性,或是维持生存意志的重要手段。

虽然紧紧依靠着二连浩特,但近些年的边境贸易已然不是很景气,二连浩特很多店铺同样也是关张大吉,一是满洲里依靠俄罗斯,为更大的经济实体,分流了大多数的贸易物流;二是蒙古的矿产出口为其主要的经济来源,当矿产价格大幅下跌时,经济状况也就可想而知。尤其为内陆国家,没有出海口,陆路运输只能从中国及俄罗斯跨境进出,对其贸易进出也有着相当的不便。

来之前曾经想过这里贫穷,但到达之后才觉得何止是贫穷,这就是一片被遗忘的土地,因为这里见不到草原,满地白沙。照片中的房子只盖了半截,原本是想示以木屋的建造,但此地并无森林,满眼戈壁沙漠,这建屋木料,放眼望去就知道是铁道的木头枕木,应该所言凿凿,不多说来源,估计是贸易衰退之后,铁路废弃的产物。枕木块垛起来,横竖隔层垂直交叉在拐角处,以方便长钉固定,也为最稳定的堆叠固定方式。与后文记录的俄罗斯木结构房屋不同,可能由于下面是沙地,不好直接固定枕木。这木屋基础采用了素混凝土浇筑,高度大约为 100 毫米,由于没有完工只可看到墙体的做法,也算凑巧演绎了典型的墙体剖面。

这是第一种蒙古现代的居民建筑,并不普遍,属于俄罗斯的山区木质建筑形式,又有所不同,并不算这里该有的地域特色,而是一种经济不景气后私搭乱建的结果。后文的贝加尔湖之行,有更为丰富的房屋特点介绍。

传统蒙古包

在2016年的夏天,我走了我国内蒙古的辉腾锡勒、格根塔拉等多个草原,故对蒙古包建筑有了较为深刻的认识。作为蒙古族最为传统的建筑形式,远没有想象中的舒适,应该说蒙古游牧民族的生存条件是极为恶劣的,蒙古包的造型也只不过是为了游牧方便。其内部为可以折叠及拉升的木质骨架,最内层为内饰层,多为布制或是皮制;而外层则是羊毛毡,骨架的中空部分,形成一定厚度的空气层,但由于密封性不好,隔热、隔寒的效果并不算理想。如照片中用绳捆绑三、四圈,以固定毛毡,带小门,有顶窗,考虑绳索固定方便,则多不设墙窗。

显然这种建筑最大的问题是不适合现代城市人居住,因为不密封,我们也是吃够了苦。在内蒙古格根塔拉草原的那一晚,应主人热情邀请入

住蒙古包,但主人可没有说这房屋的密封性不好,夜晚入侵的黑色甲壳虫如同丧尸一般蜂拥而至,不设防的蒙古包,到处都是甲壳虫,唯一还好的是这种甲壳虫并不咬人,也不吸血,以牛羊粪为主要食物,但是会飞行,体形大,数量众多,有趋光性,若是白天倒也无妨,但如果晚上开灯那就是噩梦一般,爬得到处都是,毕竟还是难以忍受。以前看到甲壳虫,多是用手指弹开,实在有仇,也不过用脚踩下;这里多到被子里也有,顶灯也有,关灯之后,不一会儿异物感就来了,虫子爬到脸上,就抓起来扔掉,后来实在没办法,母亲干脆用手拍死,我也不觉得脏了,清脆的响声此起彼伏,但实在不是办法啊!太多,没用,最后我只能带着孩子去车上睡觉,因为那草原方圆100千米没有村镇,更别说宾馆了。

孩子很快就睡着了,我却无法闭上眼睛,因为从未与银河如此接近,如此逼真。看着银河如此清澈,远处的闪电在漆黑的夜空中划过,却听不到一丝响声,震撼且诡异,可能是实在太远,声音根本无法传到这里。繁星闪耀,徜徉在银河之中,才觉得自己渺小无比,城市的灯光之下,遮蔽了所有的真诚和真实,遗忘了夜本该有的颜色,这个完全漆黑的夜晚才让我恢复记忆。即便如此,震撼彻骨,而我依然还是迷失。从那之后又过了一年,并不觉得自己有所长大,依然固执,各种不习惯、不入流、不盲从,但焦躁,被欲望驱使,不能彻悟,生活如何继续,这只是停于文字的自责。

蒙古包就是给了我如此的生活感受,也了解了从成吉思汗直至今天牧民生活的艰难。人类的进化让自己高级,也让自己变得脆弱。那一晚让我深知适应必须是一种长期的体验融入,而体验是我这代人所欠缺的,因我经历确实太少,感谢生活对我的怜悯,其实我本该无地自容、灰头土脸。

富人建筑

在这个小城,暂且称之为小城吧,其实都未必比一个村子大,不管什么建筑,都感觉是棚户区的样子,哪怕是这样的富人房子,也能在院子里看到集装箱类的大型废弃物件,也有废旧轮胎、废旧枕木等,同时为整体建筑新增的肢体,这该就是棚户区的一种定义;也在全世界“通用和流行”,为新时代贫民区的经典建筑类型,不代表一定就是痛苦,但必然是很多人童年的回忆。

而扎门乌德的富人建筑也有,为这个小城的另外一种建筑形式,但其实也同为老房子的改造。光线之下,新刷的油漆凸显着这种最大的改变,但不能改变屋顶所透露的年龄,该是苏联时代的作品,是远东地区最常见的平房类型,主要特点为斜屋面、老虎窗、平层结构。小院外会有造型围栏,旁边加建的屋子,突兀并不协调,类似如厨房一类的功能房间,整体而言应该并无特色,只是对曾经建筑的一种棚户形式改造,虽有些不伦不类,但已经相对不错,至少看着还算整齐干净。

这个城市的有钱人应该多是以前贸易繁荣时候发的财,因为我想不出来他们还能靠什么致富,如果还仅是游牧,我想应该居住环境更差。比较值得介绍的部分是侧顶的建筑手法,并非简单的桁架结构,四面墙体都是砖砌的，砌筑到顶后水平木梁托起屋顶，整个顶应该都为木质结构，但是正面坡屋顶会设置老虎窗；而侧面的顶则是两层斜梁作为主支撑，中间短支檩条撑起，形成侧顶墙面，上层短支檩条按垂直斜梁方向进行设置，下层短支檩条按垂直横梁进行布置。这种类型的房子年头也较久远，至少该是苏联早期的产物，风吹雨打，能保存至今，质量还是不错。

儿时老家的平房窗户也都为这种面积较大的矩形形式，对于冬天的寒冷和大风，窗墙比并不合适，一直不解为什么不缩小窗体，减少散热。当看到这个窗户的样子，觉得或可能是一种外来引入的习惯做法，也许是因为两地直线距离并不算太远，做法上有相同之处。但是这样的大窗在我儿时，并不觉得多难熬，到了冬天父亲会加设一层牛皮纸或是塑料布的卷帘，每天白天卷起，夜间放下，当然确实还是冷，只是儿时的快乐感太重，让我不觉得寒冷吧。另外，这些大窗户总是阳光满满，冬日暖阳，那才是恋上被子的好时光，满满都是回忆。看看儿子的童年，被我指责得太多，不知道他长大后是不是也会有儿时的快乐，或是都被我所磨灭。生命如斯，当人被病痛折磨、压力摧残，成年后虽快乐很多，但确实质量太差，也是我们无度要求和索取的结果，想找一个角落把自己藏起来，又没法回避社会的刀枪剑戟。昨晚训儿子，儿子说了一句："我的未来我看好，就是你们总不看好。"给我极大的震撼，虽然并不见得有理或是真实，但却是率性而直接，其实就该如此，生活是现实的，但是坚持却是要有梦想做伴的。

中产建筑

扎门乌德的中产建筑，说是中产，是因为更多的房屋比这房子破旧很多，实在看不上眼，棚户区中私搭乱建的形式，也没有什么价值可说；或就是已然不再移动的蒙古包，变得开始缺少维护，陈旧中填充着沙子。

从规格和规模进行猜想，该是背面的部分，窗口都极低，如这样简洁、

明快的房屋并不算多,这栋老房子可以佐证上文中加建房间可能是厨房的猜想,因为可见小房子的烟囱;建筑应该是采用的整体采暖,整体的锅炉或设于厨房,用烟筒连通各个房间,以达到取暖的目的,与我儿时的家相同。

走过这个国家,所接触的男人短粗结实,比在内蒙古的那些蒙古族要强壮得多,颧骨同样突出,但眼睛更小;年轻女孩身材还是不错的,到了中年,女人身材就走样得厉害,与俄罗斯的妇女如出一辙;小孩看我们的眼神并不是好奇,而是警觉,不了解是我感觉,还是真的如此。在小城最好的饭店吃饭,内部装修为俄式风格,饭也谈不上有多好吃,只是较为普通的俄式盖饭之类。吃饭之前饭馆门口并没有什么人,倒也没有注意行人的态度,但从饭馆出来时门口已然坐了一排人,看有人出来并不让道,还是我们主动绕开,看着他们战斗力惊人,惹不起,这就是我印象中的蒙古男人。这些男人壮实得很夸张,果然是食肉民族,虽然欧美人也很高大强壮,但可以说明显感觉冷兵器时代,这些蒙古男人的战斗力应该更强,丝毫不比欧美男人逊色,应该说更加结实,脸大且圆,脖子短粗,尤其身材比我想象的要矮,可以说多数人与汉族人的身高接近或更矮,重心低则稳,又是马上民族,比欧洲的重骑兵要快速敏捷。成吉思汗时代是游牧生活,并不需要专门的补给线,这是他们与其他常规行军所不同的地方,却是实现远征的最必要因素,故才有世界最大版图的帝国,并不意外,只是机缘巧合,让拔都(成吉思汗长孙)的西征结束,要不然也许整个欧洲历史都会发生巨变,可能也是那一代人透支了太多的运气,才让后代慢慢变得平凡。

与我所走过的其他国家不同,这里很穷,也不热情,可能是这些年对比中国的经济让他们心生嫉妒,也可能是曾经的历史让他们仍然骄傲,当然我觉得最有可能的原因还是因为不熟悉。我生在内蒙古,对于蒙民应该还算了解,他们比较少言寡语,但如果熟悉了,马上就是另外一种样子,热情得让你无所适从。我从不喝酒,就是因为内蒙古的习惯就是朋友必须要喝好,喝好的概念就是必须要喝倒,醉了并没关系,可以睡在蒙古包里。蒙古包内一般是设有一张大通铺,吃是在其上的茶几,睡则是将茶几移去即可。其实我的老家也是如此,只是不再是蒙古包,但大家一起睡,男男女女,这才是蒙古包的特点。主人并不在意,但是喝不醉,反而认为是对主人的不敬,这就是他们的豪爽之处。所以也可以理解,只是这里看到的人更纯、更直,没有多少改变。

炙热

强烈日光下的世界,照度极强,一切都反射着白光。日光烧烤着白沙,鞋子很快就被烤透,十分灼热,沙地并不能长久行走,这戈壁上的荒草也是艰难求生,看样子沙漠最终会把它吞没。图示了一栋和之前差不多的房子,只是表达一下另一种烟囱的设置形式,出现在正屋的上面,且不止一个,屋顶前后都有。这栋房子采暖布局更加分散,应该是每一间屋子都有单独的采暖炉,而不再是如之前合用炉灶的形式。

荒凉之处并未见沙漠，而是城市，人们在做什么并不得而知，只是看到几个小孩在门口玩耍，并无工厂也无办公楼，想象不到没有工业的小镇是这般样子，如同美国西部影片中的破败。烈日之下的炙烤，对我而言，恐惧炎热，皮肤又痒了，从小到大，逐年加深，对于夏天的恐惧由心里向身体渗透，湿疹演绎成了每年夏天的皮肤戈壁，无解且看不出未来。儿时的“四大火炉”今天已经不如我站立的地方炎热，真是不了解大自然，但作为世界的过客，还是有所感触。

人类两极的发展，也都是越走越远，一边是宗教信仰，缓解了人类对于未知世界及死亡的恐惧，另一边是科学，渴望通过科学的发展来了解自身，不再害怕。但是如同核武器一样，我们所掌握的科学也是可以消灭自己的科学，细思极恐，因为我们并没有能力控制群体情绪，对于情感、精神、灵魂的认识还远远不足。曾经说好奇心是推动世界进步的力量，那么好奇心也同样会是毁灭世界的力量。未来很可能会在一个偶然的因素下，陷入一种危机，不了解会是哪一种情况。智慧群体的最大弊端就在这里，几乎无法使思维一致，太过活跃。即便是宗教也会产生分支，一样无解，但一切的情况又可能是殊途同归，我们可以按知行合一来了解世界。

虽是最为合理的办法，但生命的长度有限，总是让人无法看透后面的智慧，或多或少，如果理解得太快或是范围太广，则身心难以承受，如同哲学界的天才尼采，最后疯狂。所以科学发展的情况大约也是类似，想要通过科学来把握未来，可能总是差半步，因为科学是在意识形态之后的产物，如同儿子的年龄永远大不过父亲一样，但又不能止步，毕竟这是唯一的可能。

如此看来，珍惜当下的美好生活则更为现实，当一切苦难涌来，希望已是黄沙之后的百年孤独。我曾经来过，与你相视接触，之后又是沧海桑田，一切重来，热浪滚滚中融化自己的灵魂。

欧式线条

典型的欧式线条尚存，这几栋房子都是苏联时期的留存物，照片中这一栋与之前的房屋又略有不同，重点表达了这些欧式线条，由于是设计于房屋的外墙四角，早期应是兼顾保护墙体和美化墙体的双重功能，如今因为保温及材料强度的改善，则以美观为主要功能。现在国内的高层及多

层建筑物中均有应用,可以认为是建筑物的蕾丝花边,效果也大约如此,只是照片中的线条时间要比国内早了很多。

浅蓝色的墙面,白色的墙角装饰条,简洁明快,配以白顶和蓝天,让这种燥热稍显凉爽。俄式建筑倾向于欧式风格,一览无余,不过今天早已是人去楼空,为当地蒙古族所居住。这次行程并没有能够进入室内拍照的机会,导游虽然也是蒙古族,但明显不愿惹事,并不愿带我们去与对方沟通交流。这个国家的语言很单一,不像在其他国家可以用简单的英语进行沟通,这里懂英语的人极少,故只能由导游带领行程才没有那么困难,要不寸步难行,为自由行相当难的国家。

我一个人在小超市购买东西,确实只能是用手比画,对方并没有表情,但说不清楚也挺着急,不是旅游景点,经验不是很多,情急之下还是想到了拿着价签给我看,而我其实是想讨价还价,但完全没有沟通的可能,只好作罢。这个国家应该是完全和英语绝缘,教育也应该是十分落后,因为并非节假日,却见适龄的孩子们在门口玩耍,整个小城也未见稍大规模的学校,仅有藏传佛教的寺庙一座,算是为数不多的公共建筑之一。

世界是大同的，因各国、各人都在前进，世界之不同则是国家与国家、人群与人群的差距越来越大，这也是事实。但是教育则决定着未来，不了解这个有着辉煌过去的民族在未来将走向何方，但并不乐观，纵有一身蛮力，不再是冷兵器的时代，又将何去何从。即将开始的贝加尔湖之行，将会去萨满教的发祥地，看看原始宗教曾经的样子，也许将是我对这个民族的过去有一个新的认识，那是后话。

口岸

扎门乌德的火车站，作为陆路运输的重要口岸，这个小城曾经的贸易繁华一时。小站并不大，但还是把欧式风格展示得一览无余，但又是多种建筑形式的叠加，如哥特式的门楼建筑，候车大厅整体观感则是苏联式风格，简洁明快，乳白色的墙面在阳光之下，很是让人感觉开朗；此外最为特别之处则是藏传佛教的痕迹，大厅的顶饰及檐饰都为佛教特有的宝塔造型，可见宗教在此地曾经的地位；而墙面上的两座大门造型，则是蒙古包

形象的一种异形表示，为蒙古常见的标志性形象，这建筑也算是把该有的文化和历史都汇聚在了一起，既是文化的展示，也是历史的交叠，为本次行程中唯一有建筑价值之所见。

不过夏日炎炎，并未见太多的行人，候车室里面冷清且安静。唯一还能让我想起的是：大冰柜里面散放着的一堆冰棒，与意大利的丰富细腻不同，这里则只有一种，便宜且简单，还是纸皮包装如儿时的样子，倒也与这边人们的性格相搭配。这次旅行也接近尾声，曾经对于蒙古的过去十分感叹，也确实想来看看蒙古人生活的模样，这片曾经与我们同属一个国度的土地，时下的样子令人唏嘘，落后倒不算难过，他们没有了文字，这却是遗失的开始，后果也很严重，已经有所体现，没有根的民族就会变得迷茫。我国的内蒙古，政府也好，民族自身也好，都还在努力维系着作为民族文化的文字，如同马头琴一样的文字样式，印证着曾经的伟大，确实是十分好看，有如绘画一般，并不仅是粗犷，也留有与中原文化交融的细腻，应该是字母类文字中相当漂亮的一种。但在蒙古，却已经变为新蒙文，是一种接近于俄文的文字，旧语言、新文字很难贴合密切，自然也难说内在会有什么文化关联，老去的蒙文已然荡然无存，少有人还会认识，从某种角度可以说内蒙古的蒙古族反倒成了民族文化的传承者。从这些原住居民空洞的眼神中，可见文化的遗失才是最为可怕的东西，民族的衰退总是伴随着文化的消失。据说他们自己也开始意识到这个问题，要重新开始提倡老蒙文，只是有些文化经历几代人以后，很难再恢复到曾经的内容及高度，文化遗产可能就此中断，但愿还可以重来吧。

回程

回程与去程一样，需要排队且很缓慢，虽然来这个小城市旅游的人极少,但是通过这个小城入境蒙古的人确实不少,回程也是如此,且更为紧促,因为下午4点半就要闭关。蒙古并不存在车辆报废一说,所以进出关的路上总可以见到这种改装过的老式吉普车,破旧且粗犷,与后文介绍的俄罗斯所见的车辆不同,但也是酷酷的感觉,倒也是性格一致,车上没有玻璃,不知道冬天如何度过。如照片所见,车上坐了六个人,居然还有两个孩子,加上前排,一共坐了八个人,在国内绝对算是超载。孩子的眼神一如前文所说略带警觉,与儿子的眼神形成鲜明对比,一边是早熟和疲累,一边则是好奇和稚嫩,并不存好坏,各有所得吧。

拥挤着奔向二连浩特关口,不了解入境去做什么,其实在关口那边的二连浩特,经济也并不乐观,很多的店面关张大吉,对俄业务的增多,让满洲里陆路口岸热闹了很多,而二连浩特的口岸则变得冷清,影响最大的还是蒙古的边境。虽是初步了解,但我深信,已经够深,所以一个浅尝辄止的国度,这样的了解已然足够,也是因为他们简单而朴实,留存着人性的直接流露,也是单纯。

时光荏苒,这段行程在2016年就已经结束,而在2017年可以拿来记述,挺好,所有的记忆都还在。不同的是更新了些许看法和理解,对于人世的轮回反复,一切历史似乎都很雷同,曾经那么无敌的民族,终究是沉沦,然后就是几百年,尚不清楚何时能够再让人震撼,但轮回总是如此吧,等待下一个辉煌。而人性也是如此,否极泰来,放在我身上希望同样适用,目前完成了5本书的写作,虽然尚未出版,离开了工作五年的设计院,虽然尚未发放拖欠了半年的工资。人生需要不停地思考，带来新的觉悟，生命就是这么顺其自然，一切的结果都是最好的安排。在焦躁、郁闷、失落之后，才发现一切原来都是多虑，那么不值得，但是当时，你永远看不透。

也许命运怕你无法承担那么多的收获，所以才给你节制，不过即便明白道理，但身体内潜伏的欲望总还是会爆发，存在感在作祟，让我们朝着黑暗前行，同时也是我们前行的动力，多么矛盾。其实并无过错，生命也并无尽头，只是物质的轮回，当我们一定要追寻下去，只会是唐·吉诃德，失去的是快乐和健康，却多了一种支撑下去、奋不顾身的信念，所以欣赏当下的景色，才是本真，放不下就拿起，放得下的时候就享受。

5. 俄罗斯贝加尔湖之波澜与平复

一座城，一个人。

没来过，叫城外；来过了，叫围城。

走出去，叫释怀；再来过，叫回忆。

不解的贝加尔湖往事，难了的时间恩怨。

其实无甚无甚。

清风一水舟，半渡糊涂生。

一慌一顿挫，惊扰夜归人。

其实也罢也罢。

有酒醒不了，无酒也人生。

勿念清秋梦，都是摆渡人。

在时隔两年之后终于还是坐着飞机来到了伊尔库茨克，多有恐惧，并没有感觉到缓解多少，但还好，至少来了，也回去了，美景依旧，让人觉得地球之上仙境颇多，美不胜收。父亲说的一句话很对：地球很大，怎么能够都去到。确实如此，各国有各国的样子，景色各有不同。但论美食而言，没有国家可以胜过中国，价格可以作为佐证，中餐在我所行走过的国家中都是十分昂贵的；另一点就是自己的胃，每次行程快要结束的时候，都是胃口即将崩溃之时，回家之后都是先补一顿打卤面。可能还是我们感情丰富，味觉也就丰富了许多，味道细腻，容不得简单应付。

俄罗斯人确实简单直爽，也许是地理位置、文化差异所致，也是这种反差，让这次的行程收获颇丰，对俄罗斯人有了浅显的认识。战斗民族虽然强悍健壮、粗狂热情，但单纯起来，不仅能够体验到真诚，甚至会觉得有些脆弱，这只是我个人的看法。

教堂开头

游走的顺序同样先是教堂，因为在意大利见过了伟大，所以之后对于任何教堂都难以再用震撼去形容，不过作为精致建筑的一类，教堂对于有着 300 年历史的伊尔库茨克而言，必然是最古老的建筑形式。俄罗斯是一个以信奉东正教为主的国家，照片中矗立着三座教堂，对面的波兰救世主大教堂是当地并不算多见的哥特式建筑，为波兰的移民所建，目前这座教堂已经不做祷告礼拜，而是作为一个管风琴音乐的演奏场所。哥特式建筑的尖顶在米兰大教堂的章节已经有较为详细的介绍，但考虑其为砖砌的多层尖顶，更为接地气，多说两句：本色出演的外墙结构，简单且不拒绝任何观众，与大石块的尖顶相比建造难度其实更高，是因为砖的承重性远低于石块，所以纯砖砌体结构的高度不能太高，且考虑逐层退台缩小，这座砖砌教堂的建筑工艺其实十分得体。

另外一座是斯帕斯卡娅教堂，位于基洛夫广场北侧，是一座建于18世纪的东正教教堂，白色的墙壁和绿色的屋顶搭配得非常漂亮，是伊尔库茨克目前唯一石头砌筑的教堂。这次去刚好正在粉刷，如一个矜持而有气质的姑娘，每年都要重新梳妆打扮一番，让新来的观者都会对坑洼不平的白墙记忆颇深，那是一种不刻意展示的曲折美，让人寻找着感觉上的共鸣，而正好被白色衬托，使这种特有的风格一览无余。

东正教的教堂多以拜占庭式建筑风格居多（洋葱头顶为典型样式），没有去过的克里姆林宫也是如此。喀山大教堂是这个城市中拜占庭式建筑最杰出的一座,应该也是砖砌的结构,但有了外墙墙皮,平整度不同于上述几座教堂,十分光洁。如果说上述几座教堂是沧桑的,它则要童话得多,颜色的选择让人感觉生动,红白相间的搭配,生动显眼,俄罗斯拜占庭式建筑普遍有展示活泼和富有创造力的墙面设计,如这蓝顶都不单一,居然是格状,短柱圆窗,众多的窗线和腰线,多变复杂的多重顶,与意大利石头砌筑的教堂不同,意大利的像是魁梧的成人,而这座教堂由于是砖砌的结构,它把一个孩子的可爱风格演绎到极致,猜测设计者该是一个思想单纯、喜好自由的人,要不怎会有如此的思路,可能这也是战斗民族的另外一面吧。

关于涂鸦

其实早在意大利,就想对涂鸦做介绍,只是总是一瞬而过,想的时候又不在眼前,这次遇到并不吝惜手中的手机,驻足留念。我认为这是一种与纹身相似的建筑文化,可理解为建筑的纹身,而纹身本身也是一种文化,虽然在东方多有偏见,也多有抵触和曲解,但建筑涂鸦很多时候确实美得惊人,为无奇、单色的建筑外立面增色许多,与人体纹身不同,其表达更为生动和卡通,也让人不觉得那么复杂,作为一种城市的色彩可以让多数的路人所接受。对比纸上作画,墙面作画难度大了许多,大局观的重要性在此处暴露无遗,远胜于细部的细节表达能力,所以不同的画笔、不同的性格,造就的艺术空间并不相

同。涂鸦的效果越是远观,越是生动,或是三维,或是磅礴的漫卷,如照片中的一般,这是一种并不列入建筑装饰外立面设计的处理方式,接地气,不收费,效果不一般;斑驳的墙面也是上百年了,难掩破碎衰老,缺失后的坑坑洼洼,正好被涂鸦遮盖,生动异常,涂脂抹粉,让人不觉得它的衰老,倒是与时代紧密贴合,生命再次绽放。

涂鸦的作者是一群行走在夜间的艺术家,并不想为人所知。夜是狂欢的开始,绘就的不仅是图案,也是一种寄托,却为城市增加了活力。这些夜行艺术家死去后多没有留下名字,却可以留下诸多的作品,其存在感可能早就融入观者的眼中,图画越过国界,跃入我的眼里,给予我的震撼和感动,是工匠精神的表达,表达自己即好,何必一定要让人知晓。这点我还是做不到,因为仍常为名利所累,还不能把兴趣仅当作一种乐趣去享受,在意结果,同时也痛苦于过程,因还是俗人,也因有过艰苦的过程,会在意最终的得失;虽并不为过,但功利心终究是会腐蚀人的心灵,确也不好,但眼前放不下,也实属正常,路还很长,改变自己的可能只有时间和不停地觉悟,不可勉强自己,当下能够学会欣赏自己就很不容易,而做到改变自己,是懂了以后的顺手一笔。

传统建筑系列

传统建筑主要是指时间距今 100~200 年间的俄式建筑,风格与欧美相似,左边照片中的一栋为缺少维护的砖结构楼房,现改为居住建筑。另外一栋则是伊尔库茨克艺术系剧院,均为典型的巴洛克式建筑风格。巴洛克风格起始于文艺复兴时期之后,这种建筑的特点是重于内部的装饰,而在外部造型上多采用曲线,常常穿插曲面与椭圆等元素,如拱形顶、圆形或半圆形窗,装饰件纷杂烦琐,同时也会在立面搭配罗马柱,或整体矗立在外立面,或是半隐藏于墙内。如右边照片中剧院的形式,其艺术表达在形式上承接罗马式建筑，艺术形式上以表达庄重之感，但又考虑为砖砌的结构形式，故不再承担主要受力，更多作用是装饰效果。罗马柱构件一度在国内也成为满大街的装饰物件，是并没有悟其精华，只是模具压制玻璃丝石膏，外层很薄、很脆，经不起时光打磨，基本没等我变老，就已经风化为古罗马一般的样子，没有分量，更为破败。其实罗马柱在立面的应用，或需要整体檐口悬挑再矗立罗马柱，或就着罗马柱立面砌筑时部分凹入，表达上有层次感，如果仅是平面贴装饰件，效果如是穿假名牌的感觉，接口会随时间流逝慢慢显露，然后再慢慢分离，不会很久。

另外，需要注意的同为巴洛克式建筑风格，在伊尔库茨克建筑的门面都相对要小很多，与整体的建筑体量并不相符，其中道理只能拿来猜测，就是这个地区的冬季实在寒冷，所以墙门比要做得很大，以尽量控制热量的损失。这个道理应该还是站得住脚，虽然窗户还是较大，但考虑冬天时窗户可以不开启，但是门却做不到，所以入户门小应该是如此理由，也是该地建筑的特殊之处。

照片中的剧院现在仍为当地第一大剧院，虽然是100多年前的作品，但看得出来，保护极好，如新建的建筑一般，要不是镌刻在上面的建造时间，决然不能猜测出建造年月。老建筑就该看其风轻云淡之后老而弥坚的样子，所以非常喜欢上面的砖砌结构，配以阳台上正在打电话的壮汉更为震撼和贴合。查了很多资料，居然没有查到它的出处，对我而言确实感觉十分真实，有的建筑可以被重新翻新，样子自然变化不大，也让人赏心悦目，只是没有了沧桑感；有的建筑随时间慢慢倒下，没有人关注和维护，看到的是悲伤和不完美；但也有如这座建筑的类型，数量反而是最少的，国内国外都是如此，依然在使用，仍然有生机，可以看出时间的雕刻，每个阶段都有其独有的样子，那一种旧不是刻意的，那一种破不是故意剪出来的，是磨破后的牛仔裤，是历练之后的成熟感。很喜欢这样有肌肉感的建筑，行程中掠影无数，但我认为仅此这一栋可以诠释俄罗斯的老式砖结构楼房。

曾经看过一部俄罗斯电影《危楼愚夫》，剧中主人公为“结构男”，确认危楼即将坍塌，奔走相告，结果搞得妻离子散，还被楼内居民暴打一顿。该片本想表达的是当地政府的不作为，但我看到这些房子和这个战斗民族，觉得这主人公确实是愚夫，因为和周围的环境太过不搭。第一，战斗民族确实无视危险，从这些年中屡屡暴露在媒体中的俄航飞行员可见一斑，从来都是无视恶劣天气坚定起落；第二，则是俄罗斯的建筑确实与民族风格相似，也是耐用坚固，即便看着危险，再住五十年估计也难倒，至少我没有看到过关于俄罗斯楼房坍塌的报道。

插播

插播一个石头构筑物，书中石头砌筑的建筑物在教堂部分有所介绍。这里的构筑物被年年粉刷的白色涂料遮挡得看不到其本来面目，不能表

达石头的质感。我之前认为该地区并不适合建造石头建筑,但当我看到环贝加尔湖的西伯利亚铁路隧道后,否定了自己的想法,可能只是因为这个城市的历史相对较短,错过了石砌建筑的艺术高峰期,因为显然该地区的石材并不少,并不会缺少原材料,但相比大量更适宜建筑的松木而言,谁还会用石头砌筑,只是自己想多了,道理应该很简单。

当然除了一些必须用石头才能建成的建筑物,如这个隧道。西伯利亚铁路的设计和施工由意大利人完成,原因也可想而知,毕竟意大利在那个时代代表了建筑业的顶峰,不管是创意还是结构设计能力都是世界首屈一指的。工艺该先是人工挖掘出大体的孔洞,在没有盾构机和钢筋水泥的情况下,应该是采用了与中国三合土类似的原始混凝土进行逐层浇筑,时间久远之后会有白灰渗出物,可见成分与三合土应该相似;而顶部黏合剂流体自然凝固形成的流线状,则说明黏合剂的凝固时间恰到好处,原料物尽其用。从尚还嵌在石头中的白色模板可见其为分段浇筑的工序流程;在顶部明显可见采用了整块条石,估计是考虑砌筑之后的凝固影响,原始混凝土在凝固过程中对上方的张力会持续加大,所以嵌入条石应该比混凝土抗压效果更好,不至于变形,从而可以固定整个拱形结构,十分合理,也为最坚实的构筑做法,不愧是建筑大国的作品。

时间退化了建筑本身的严肃,反而通过青苔给建筑本身增加了一层时间错觉。黑洞洞地不知道通向何方,绿油油地魅惑我的脚步,我却不敢再往前一步,生怕惊扰更深处的那些灵魂;我能体会当年施工者的艰辛,也致敬于献出生命的工匠，全年只有两个多月适合施工的时间，剩余都是冰冻期，几十道悬崖边上的隧道，永久冻土层，太艰难，故它们是建筑奇迹，西伯利亚的崛起因此而生。人类的发展都是在极限上不停地超越，有这些牺牲和付出，才有了不断的进步和成就，并且一旦开始，就没有要停止的意思。人类如一台设定为自我升级的电脑，自己完善着自己、提升着自己，昨日不再惊艳，却可见之辉煌印记。

夏令营之杂牌军

与国内的夏令营稍显不同，俄罗斯夏令营的费用相当低，大约合人民币三四百元，也因为低，我大约能够感觉到孩子们的日子并不好过，所以战斗民族的养成是从孩子教起的。其实很多方面都能看到他们与我们的不同，在俄罗斯手机虽然很普遍，但在伊尔库茨克，网络信号却不是一般的差，每天总有一些时间段、一些地段，会没有网络信号，即便有网络信号，有时也是很慢，且并不稳定；与我着急更新微信不同，俄罗斯人对手机上网的需求似乎并不强烈，低头一族也非常少见，人们更多的是聚会聊天，孩子们也不是痴迷于手机和平板电脑，而是运动和游戏。

路上遇到不少夏令营的孩子，与国内夏令营孩子的装备精良、手机标配以及拉杆箱、服装统一等相对比，俄罗斯的夏令营草根了许多，看服装就是杂七杂八，最诧异的是饮食，车辆行驶途中遇到了一支队伍，我还以为与我们一样是中途下来吃饭的，结果导游说：你想多了，他们只不过是来上厕所的。他们的夏令营费用很低，不可能在饭店吃饭，果不其然没有见到他们进饭馆，只是去了卫生间，他们会如行军宿营、自己做饭，十分诧异。如照片中的孩子们大大小小，做俯卧撑的姿势乱七八糟，倒也可爱，大孩子小孩子按个头排队，没觉得有什么以大欺小，或是我没有看到，但可以感觉制度要求应该很严格，孩子们也很服从；与我想象的难以管理还是有很大的差距,因为我天天喝骂,尚且都难以解决好孩子的教育问题,他们岂不是更难以管理。实际上他们还是相当懂礼貌的,早上跑步时路过的孩子会和我打招呼,即可见礼貌是这个民族的习惯和传统教育。虽然很多人说这个地方夜间的酒鬼很多,但鉴于 7 月份的贝加尔湖天黑太晚,晚上 10 点天已经黑透了,我很难在晚上 11 点还有工夫闲逛在大街上。不过相信如果这个民族不喝酒,整体的教育及素质还是相当不错的,从孩子们的状态就可以看出;当然喝了酒也有作用,那就是战斗力得以加倍,可能德国不该选择在不合适的季节进军苏联,因为冬季是喝酒的季节。

对比我们娇嫩柔弱的孩子,我觉得不能说完全不好,也许奥数更为强大,但毕竟还是有缺陷的;吃苦耐劳本该是我们这个民族最为值得骄傲的特质,但如果一味地只是在书本学习上用功,那生存、独立、个性、体格等培养的短板则太过明显。我儿时曾经还提倡德、智、体、美、劳全面发展、做四有新人,现在的孩子缺少朋友,孤僻、自私、软弱等问题凸显,也许是独生子女的原因吧,未来或能够缓解,我也不担心,成长总是需要代价的,谁也躲不过,都会长大,只是换个吃苦的时段,儿时吃点苦,不会太在意,承受力强些,记忆会淡些,因习惯尚未养成,故可以变为一种韧性;而成年

以后再吃苦,自己会感觉更加难受,社会也不会对你太包容,不再是一种习惯的养成,多有被动的意味。

展开重点

还是展开重点吧,木质建筑,很高兴。我无意间选择了这个距离我并不遥远的地方,只是因为自己的焦虑情绪,不敢坐太长时间的飞机,从得了这个毛病后还是第一次乘坐飞机,虽然飞回来的时候还是挺恐惧的,每一次飞机的颠簸都让我心里一颤,不过也为自己自豪。虽然只是如此小事,但对于如今的我意味着走了坚定的一大步,以后还会恐惧,但我总算蹚过了一条小河。

说重点,这个地方应该是世界上木房子最为壮观和精致的地区,可能是我坐井观天,不过我这么说,也并不是没有一点道理,伊尔库茨克地区的森林覆盖率高达 82%,这里又以松木等适宜建造房屋的木材为主,全俄罗斯 20%以上的木材使用量都来自于这个地区;而中国每年也大量从该地区进口木材,可以说第一批来到这个城市的中国人并不是因为旅游业而发家,他们正是来做木材贸易的。导游与我娓娓道来他的故事:初到贝加尔湖时,他给华人老板运输木材,属高危行业,最终还是被盗匪打劫,交钱逃命的经历难忘,人生从此发生质变。一边是深山老林的偏僻,一边是一部华人在外的血泪史,又一次印证了我们中华民族的吃苦耐劳、不畏艰辛。

由于木材质地好,加上数量多,这里的松木建筑仅凭材质就和其他的木屋完全不同。寒温带针叶林是西伯利亚地区特有的优良种质,该树种具有极强的耐寒性,又可以出产大截面的木料,大截面的木料可以用来建造出松木气质的大型建筑。整个行程下来,也了解了木屋是当地的特色建筑,极为典型,所以需要展开来说。

墙饰,第一眼就是惊艳,我是说惊艳于木屋的窗饰、顶饰、檐饰,上来就说这个构件是有点喧宾夺主,不过这一点确实是我一眼留下的深刻印像。窗饰、顶饰、檐饰该为现成的成品装饰件,并不奇怪,只是在200年前这些檐板是如何加工的,它们完全一致,则不易,应该为机器加工的工艺,这在同期的中国应该还不太可能实现批量加工,镂空的工艺应为模具压制。我手上的资料无从查及当时俄罗斯的工业水平,但从这个制作工艺来看,机械加工应该已经比较发达,只是我不解如此粗犷的民族性格,在房屋饰件上表达得如此细腻、精致,反差极大。并非民房装饰件样式各异,看过多处,无论从位置还是样式,基本是相似的。首先是装设的位置,顶檐处一般均考虑装设,上部及下部墙体上则是根据精致的要求程度来定。所选的这栋建筑是一个装饰相对复杂的案例,上下部的墙体均装设了墙饰,窗顶部的窗饰则与窗体为一体结构,这在后面的照片中可以找到直接的佐证;基于民房,采用如此复杂炫目的饰品,比较少见,应该也是房主富裕的一种体现,这只是初见印像。

木屋基础

这是一栋做法相对单一的木屋建筑,各种墙饰均不见了踪影,顶檐的装饰件更加简单,但也正是如此的表达,让人可以比较清晰地看到木屋的一种基础做法。当环境不为潮湿地区或是山地地区时,即认为不会有频繁发霉情况的出现,可采用条石砌筑基础,高大约500毫米,宽于上方的

木墙，使结构稳定，之后再堆砌木墙，木墙可以为方木，也可以为圆木，基础部分鉴于美观，可采用木质外皮做护套，让人看不到砖头或是石块砌筑的基础。这栋建筑的主人对美观的考虑应该偏少，或是其间有过破损，已然不存在护套，不管成因如何，倒也暴露了这种砖木结合的做法。

阳光下的墙体被照得花白，木头长期暴晒之后的裂纹暴露无遗，由于这里的气温偏低，蛀虫对于墙体的腐蚀并不严重，所以木料的寿命极长，所存木屋基本都有 100 年以上的房龄，气温低是保存完好的主要原因，所看到的损毁，除了火灾，似乎并没有什么其他原因可以摧毁它。即便久得发白，并未虫蛀破败、潮湿变形，虽是物是人非，但青松挺拔，可为栋梁、可为传承，任凭战火纷飞、大雪冰冻，我自岿然不动，雕刻婉约的外表之下是一条条结实的臂膀。

木屋的基础做法之二，多见于山区中，并非室内，也就是更加原始的环境。这一栋木屋建筑为山区存放粮食之所，为了防止湿气使粮食变质发霉，所以必然需要架空，与国内的吊脚楼相似，也要预留木质的架空层；不同之处是国内的吊脚楼架空层更高，可以作为饲养家畜和堆放杂物的场所，而俄罗斯木屋的架空层很狭小，基本与地面贴临，仅是一个空气层，阻隔地面的湿气直接侵扰即可。

采用大树墩略做处理，形成蘑菇状的墩子，上方架起墙部下侧的地梁，地梁上方是与之垂直放置的地板层圆木，再之上才是墙体的木料；地梁支点的间距依据木墙体的木材长度而定，木墙体较长时，两段木料交接之处，会在两端分别设置木墩支点，考虑到圆木间可能出现的滑动，支点

木墩与地梁之间可见垫放的动物毛皮,应该是增大摩擦力之用。

世界大同,各国的建筑本无太大的差别,不论是吊脚楼还是俄罗斯木屋,实际原理确实多有相同之处,需要达到的目的也是相同的,所以大家前行的方向其实是一致的,只是为了让自己活得更好一点。有人为了更多的钱,有人为了更好的名,有人为了成就感,但归根到底还是以自我为中心地理解世界,总觉得自己太聪明,心里怀揣着别人不知道的未来;其实大家均被自然界所驱使,或是教育,或是性格,或是压力。不同点是,有人可能懈怠,有人会过早燃尽,有人会保持节奏、化解压力,而最厉害的人则是会无视压力、简单生活,但不管如何,成功并没有定义,好坏也很难区分。内心的平静也许是外表的焦躁,而外表的平静也许是内心的烧灼。以前会觉得是性格使然,如今则不会,其实如果想要克服妖怪的魅惑,只需要做到不要回头去看美杜莎之脸,并不存在生命高深的秘密。心情不好的时候,保持沉默,不去伤害别人;股票跌的时候不去关注,总有涨跌,不要影响心情。时间是个好东西,给了我们足够多的时间去犯错,同时也给了我们悔改的机会。换个角度来看生命,真的很漫长,衰老的其实并非是外表,被世事摧残殆尽的其实是内心的简单。

木屋建筑技巧

这里要说的是数字。由于有窗和门的存在,用于同一层的木材会被截断,所以需要在木材上进行标注,常用罗马数字。也有如照片中罗马数字和阿拉伯数字都用的形式,罗马数字代表着第几层,而阿拉伯数字是一样的,代表的是方向和位置,便于在安装门窗之后仍然可以找到原来的下半截,同一根木材的自然平整度及外形截面自然更为相同,这样的做法可以保证木材形态的一致性。窗户左右对应,可以确保每一侧木料至顶的高度一致,不至于两边木料参差不齐还要填补空隙的情况出现。

顺便说一下侧顶的做法,在蒙古章节中已经有所介绍。墙体至顶后,起横梁,横梁上垂直起短支撑,支撑按照屋面的坡度向两角逐渐坡去,形成顶部的造型,短支撑架起斜屋面,完成造型。

这屋上之字也真是经得起洗刷,都已经上百年,文字依存,记录了每一个施工的工艺。时光流逝,风格却不曾变化,这里的生活节奏依然缓慢,前文已经说过他们并不怎么痴迷于手机,或是上网并未如此流行,或是民众的喜好并不喜欢八卦,吃饭的时候居然是会拿出俄罗斯跳棋去消磨时间。这里的生活确实简单,吃饭也基本就有一个主菜,剩下的可以说完全是靠着酒来充数,能吃一个晚上;大家凑在一起,可以聊一个晚上,到晚上十一二点是很常见的事,沟通虽然简单,但可以感受诚恳。

所有事物和活动在这个冰冷的国度都变得缓慢了下来，静怡中沉淀，让我变得不习惯，但多点时间去思考或是发呆，确实也是摆脱浮躁的一个好办法。与我相同的人很多，浮躁这个词，代表着一种没有耐心且失落感很强的意味，大城市中比较普遍；而拒绝浮躁绝非那么简单，如果不能放下手机、放下八卦、放下空虚，不能拿起书籍，那只能说明你的内心还是浮躁的，也还难脱离精神鸦片的误导，越陷越深，直至崩溃。所以能够反省的人生才是一个好人生，可以让你觉得重生，觉得自己有所改变。现实中的安静让你有条件去冥想，而真正可以沟通的朋友能让你感到真实的情感，不再虚妄。

门楼似曾相识

门楼似曾相识，是的，这个是美剧中常见的门口样式。与欧美乡村房屋相似，突出的木质台阶和平台，立柱挑檐出来，尖顶与屋面形式多为对应，形成统一的风格；相对的是门口的小花园，作为出入口，可以遮风挡雨，也算是一个小小的平台，可以置放一点东西。这总能让我想起一把摇椅，在美国电影《恋恋笔记本》中，男主人的父亲就是如此躺在躺椅上看书，十分惬意，那是一部将爱情表达到极致的作品。我自己的爱情也曾如同剧中一样轰轰烈烈，也如剧中一样有了一个自己满意的结果，婚后的日子并没有真正红过脸，两个人还算是忍让，也许大爱就是如此无声吧。老婆唯一一个心愿就是以后能有一个带院子的房子，如这栋房屋，可以种种菜，虽然我心里很清楚她并不适合种菜养花，这已经是多年来的经验教训，但对于她的心愿我还是在努力争取实现，尽管这个愿望今天看起来依然遥远，不过心里仍有信心，可以让我有点压力。

关于一个建筑的构件，其实也是一种感情的延续，如果有一天会实现，我也会建一个如此的木质门楼，看着曾经婀娜的身姿慢慢变弯，也是

多么美好。其实最近这几天在人生的意义上有些迷茫,没有目标的生活也就无所事事,可能我与常人还是不同,只挣工资的日子似乎对我而言缺乏动力,总是在这个单位的去留上纠结,股票也是不涨,书籍的出版也是遥遥无期,但离开就能好了？换了股就能挣钱了？还是出版后就可以大卖了？这些层次的问题其实是对于生活的疲惫与无奈,正如之前所说的浮躁,有心而无力的开始。到了这个年龄,不知道别人是不是与我一样困惑,可能别人不说,放在心里,不了解,也不好奇,因为我深知每个人都不容易,这是肯定的;关于梦想,简单而真实,也许我终究是那个心比天高、命比纸薄的人,终究无法实现。

每天的生活无味也好,乏力也好,但总还是呼吸着空气,证明还活着,这是个伟大的事实,虽然简单,当你失去之后就知道有多重要了。自己的平凡并不能否定曾经付出的努力,未来的路还很长,需要珍惜当下这段短暂的迷失。

檐板细节

损坏的檐板顶部，让屋顶的做法一览无余。露在外面的一小段挑梁是顶板的一部分，托起了顶部的檩条，之前十分好奇，顶部下檐板处，横向两排木板是如何固定的？现在看来其实仅是为了造型，只是为了不让顶板裸露；而下檐板从镂空的角度分析，可以认为是一个整体，应该为一种定型配套的饰件，一种如箱式的木质装饰；两排木板其实只是一个假象，估计下方托举的支撑应该同样并不受力，实际受力点应为下檐板处与墙体上方交接的横梁之处。俄罗斯木屋的装饰件繁多，多为现成的构件，可能是因为100年前机械加工的快速发展，才有了机械批次加工成型木质装饰件的可能性，而如果再往前推200年，应该就很难见到如此华丽和一致的外立面装饰，如此的外表不仅是美观，也让房屋多了一层防护，是后木屋时代的作品典范。

作为假象很让人迷惑，为了得到真实的效果，假象的“假”很重要，要让你觉得如此真实，十分诧异。世间善意的谎言可能也是这样的概念吧，太过真实的世界是灰暗和没有希望的，能够支撑人类前行的力量往往来自于希望，而希望的源头其实就是善意的谎言，没有它，人们如何有信心前行？人类是可以把不可能变为可能的高级动物，能够让我们屡战不怠，也是因为总会有人善意地告诫我们：坚持下去才能成功。如同信仰一样，展现出精神力量的伟大之处。所以精神制胜法则是让你不纠结于事物中与你无关的部分,集中精力于事物的关键,才是潜力提升的实际原因,同样也是欣赏美和让自己快乐的办法。

檐端细节

照片中为简单而实用的檐部做法,极为经典,都是利用了木料本身的特点,又均进行了加工,让它不再仅为一种受力功能的表达,而是再次发挥其特点;屋面的斜檩条在靠近两侧山墙的区域,设有主斜梁,这个主斜梁会选用带有枝杈的木料,利用粗壮的枝杈形成一个天然的钩子,拽住屋檐侧最靠外的檐梁,成为无钉的固定方式,自然而坚固。

而这个檐梁则更有意思,同样不是吃力的功能体现,将其内部掏空,做出一个矩形的空槽,放在檐部的最下侧,正好可以接到从屋面流下来的雨水;而空槽一直延续到端头,雨水顺着水槽可以从两端流下,如同神来之笔。

有结节的树干固然不是好木料,而挺拔的木料,也仅限于成梁柱。如同社会往往缺少谁都不可以,不够粗壮的木料当然不是做栋梁的好材料,但用其长处却可以让每一种材料均发挥其最大的优势。上帝造人,总是给人一个存在的必然理由,并非一无是处。这个在我二十年的职业生涯外加二十年的学生生涯中暴露无遗,因为我的性格孤僻,喜欢一个人思考,不喜欢随大流,也难融入主流,学习不好,理解力差,工作后大局观也差,没有组织能力,还会害羞和害怕。人过四十才发现过往不过是给你一个坚持的理由,学习不好是因为我不适合学校的教育;理解力差是因为生命漫长,命运给我时间去慢慢感悟,才有更深的理解;工作后大局观差是因为冥冥中让我重新去寻找兴趣的所在,明白职业与兴趣的共存与对立;没有组织能力,才可以让我能够以一颗简单而纯粹的心去欣赏世界,不掺杂太多冷血的争斗。有得有失,也不失人性之光辉。

了解自己才可以将自己置于需要的位置,能否被世界采用,是概率事件;之后的事情为命运安排,顺其自然。

原始榫卯

榫卯是房屋框架的关键节点,曾经以为榫卯是我国独有的,看来并不是;俄罗斯的榫卯结构显然要简单得多,也粗糙,木材更大,做法更为直截了当,实际效果更为结实。

照片中是插入式榫卯结构,一根木料上下都锯掉一部分,形成一个中间突出的矩形榫卯构件,两根相互垂直的木料正好相互压实,与蒙古之所见如出一辙,只是多了简单的榫卯结构,更为稳定,现在可以知道蒙古那木房子的结构了,其余横竖木料均以此类推,相互形成榫卯。另外一种榫卯结构则更为简单实用,不在意木料的长短,只是控制房屋内部的矩形框架即可;至于剩余留在室外的部分,长短不一,确实用处也不大,因为有突

出端头的固定，则更为牢固；榫卯的方式是在位于下层的木料上向上剔出一个倒梯形，只是一半，如果是半圆形效果会更好，只是制作困难，也不太可能，倒梯形已然可以比较好地固定上方垂直插入的木料，每一层相互叠加，从而形成一个完整的框架体系。

照片中的建筑建造于 1866 年，为双层建筑，由于居住者地位较高，所以工艺和外观要求较高，可以看到上下剔凿的工艺形成的垂直夹角，从而使墙面、墙角平直整齐，美观度好；但侧向震动会使结构松动，如这栋木屋当下就不再使用，百年后的房屋果真变成了危房。而凹槽式榫卯由于完整地将另外一根木料围合固定，从结构稳定性上更好，即便时间再长，整体的稳定性不会发生任何变化，仅是外观稍显突兀，可谓各有千秋。前一种多见于城里的木建筑，后一种则多见于山区的木建筑，涵盖了木建筑的两种框架形式；后一种在我看来更为生动，如是俄罗斯人性格的体现，粗犷且不求样式，但求坚固和实用。

墙体连接构造

墙体的连接构造,针对墙体较长的房屋,如果是砖墙、土坯墙或石头墙的形式,都会采用立柱的方式进行分隔,插筋固定两侧墙体,并起到拉结的作用;而木屋墙体的分隔和固定同样是采用立柱式,但不同之处是采用插槽式,立柱的间距多以房间的进深及开间长度作为依据,或也可以按木料的长度确定房间尺寸极限,做到物尽其用。作为立柱的木料沿墙向两侧剔凿,形成内小外大的三角形槽体,但木料本身不会被掏空,会留有中心部分,以保证柱体应有的承受力,否则,无法固定两边墙体;依据柱体所预留的凹槽形状,两侧墙体的木料也相应削出尖端,使其正好插入凹槽之内,拼接完成,由底至顶,逐层落放,柱体两边均为如此,虽然简单,但同样为榫卯做法,坚固耐用。

由此可见俄罗斯木屋榫卯的做法虽然简单,但在墙体构造上应用很普遍,为木屋建造技艺的核心内容,对比砖木结构而言,应用更为彻底,所以整体性更好,稳定性也更好。榫卯作为一种重要的木质结构建筑技法,如果不能在木质建筑上表现得淋漓尽致,那就确实算不上榫卯的倾情演出;虽然我们的砖木结构榫卯构件精致且充满智慧,但是在榫卯本质的表达上,并不如俄罗斯木建筑整体榫卯来得更为过瘾,这就是民族的区别吧,有的细腻,有的豪放,却是建筑艺术的一种表达,或是伟岸,或是聪明。从欣赏建筑的角度来看,却是不同菜系和不同味道,不能评价好坏,但感觉是截然相反的;相同的是都一样的惊艳无比,震撼两端,为人类的智慧而惊叹,创造力推动着世界前行,在相互学习中变得更加完善。

蒙古包的演变

照片中的屋面如曾经故国的样子,大约在1000年前,大蒙古国在成吉思汗的带领下曾踏破铁蹄,辉煌于欧亚大陆。贝加尔湖在早前也曾属于中国,在苏武牧羊的时代,这里被称为北海。在俄罗斯留存有另外一种木质建筑,为两个不同民族交融的产物,样子像蒙古包,材质却是实木,不能再因游牧而拆卸,是文化的遗传和演化,同样近200年,为不再游牧的蒙古族所定居。这些蒙古族已经不再认可自己为蒙古族的身份,称自己为布里亚特蒙古族,不过那高耸的颧骨和小眼睛,以及强健的身体,依然还是典型蒙古族的样子;不管承认与否,无法遮掩,只是觉得一个民族还是没落了,从心里上已经放弃了曾经的荣耀。

而这建筑的风格依稀可见蒙古包的样子,为六角形建筑,与之前蒙古包的样子基本相似,甚至顶上也有类似的木质天窗;而建造方式上则又为木屋建造的典型工艺,只是四边形的榫卯变为六边形的榫卯。唯一的不同点,也是这里要表达的重点,是屋顶材质——树皮。是的,与国内吊脚楼的屋面材料一样。我曾经表达过对这桦树皮顶的钟爱,并不是什么高超的工艺,甚至与之前介绍的俄罗斯木质板材屋顶相比,这样的树皮顶美观度会差很多,更为原始、落后。不过多少有似曾相识的感觉,那是家乡的意味,亲切感油然而生。这里曾经有过我们的交集,现在虽然已是他国,但这里我们曾经留下印记,面对与我们长相更为相同的蒙古族,其实从心底还是觉得亲切。蒿草满屋顶,不觉已是千年,曾经金戈铁马,如是慢慢归家路。我生于内蒙古,并非蒙古族,但对于那片土地上民族交融的情谊仍然心存感动,十分温馨,回忆友情。但愿人长久,千里共婵娟。

建筑风格在蔓延,悄无声息地缓慢变化,一点一点介入,在异国他乡看到建筑的演变,这种交流从未停止,从马可·波罗的行走开始。建筑也是其中一种,东西方文化的交流,推动了如今的大同,不过我还是喜欢那些原始的影子,因为证明着我们曾经的艰难,和为此留下的足迹。

外墙的遗漏

木材的保温性能从材质考虑,其实极佳,隔热性和隔寒性都好,但毕竟不是一体的结构,木料之间的夹缝很难处理,容易走风漏气,经时历久后,缝隙又会多很多,如不能解决这些缝隙的漏风问题,那么木屋的居住条件会大打折扣。

建筑技艺是硬技术的一方面,保温则是软细节的表达,不能完美解决,将直接影响居住。如果采用泥土灰砂封堵,时间长了容易脱落;如采用木条、木板之类封堵,效果也难达到预期,因为很难做到密实,所以古建筑的冬天很难保证温暖。

当看到这种材料，感觉该是木建筑中最佳的保温夹材，类似于国内建筑物管道做封堵的油麻，也是有韧性的植物干絮，与油麻一样，这类型的材料韧性好，经得起拉扯，不容易断裂，同时又很柔软，容易被压实，是做封堵的好材料，常用在管道的封堵，可见一斑，因为油麻能够抵挡住长期的室外积水，何况是风，自然不在话下。建造时每两层墙体木料间塞满干絮，上层木料垛起来后，其间干絮会被压实，露在外面的部分，时间一长，可能会脱落风化，但是压在木料之内的干絮由于不受风吹，不会松动腐烂，与木料相互配合，相互保护，密实阻挡着外来的寒风，阻止着室内热量的流失，同时也是阻隔蚊虫侵入的手段。我体验过这样的木屋，整体的保暖性很好，拥抱着屋内的火炉，温暖慵懒，可以陶醉于外面的雪花。

透着木香，并无霉味，怡然自得，除了走路时会发出咯吱咯吱的声响，但不觉得打扰了别人，反而觉得惊讶了灵魂。室内与室外如同两个世界，室内是童话，温暖温馨；室外是森林，深邃不见边际。木屋与城堡该是一切童话的发源地，城堡内更多居住的是王子，石头砌筑，英俊结实；而木屋则是灰姑娘的家，木头堆叠，淳朴简单，虽然不如石头硬度高，但更具备坚韧性，如同女子，寓意那些俄罗斯的英雄母亲们，坚韧而伟大。

屋内保温做法

如果说，植物干絮填充了所有屋内外的缝隙，算是外部的保温，那内墙的保温则只能在这残破建筑中进行猜想了，因为楼上楼下虽然均有篾条的痕迹，却并不完整，所以不能完全确定这是内墙的保温材料；但如果不是内墙的保温材料，那这些篾条的出现，又略显得多余，作为装饰件有些牵强，暂且如此认同吧。

所有的残破都是用来解剖建筑的最佳手段，篾条在建筑技法上的应

用并不多见，最为常见表达方式反倒是在蒙古包，并无处其二。蒙古包作为移动式建筑，其内部固定会采用篾条按斜 45° 相互编织，架构篾条层，围拢圆形对外形成张力、形成骨架，向外支撑固定于外围的羊毛毡，样子如二层墙体遗留的痕迹式样；只是这里必定不是再利用其张力，因为是一个平面，成为内部墙体内衬的一种，作为内衬，作用就难为装饰，更印证了其内部保温的作用。

猜想就是猜想，但总会是有其真实的用途，不妄想，但考虑到布里亚特蒙古族和俄罗斯人交融的地区，建筑之间的相互学习和借鉴必定存在。这是个开启的空间，可以让我对于木屋有自己的理解，一切荣光，已经成为过去。如今当下，流露出来的痕迹，或是那些主人都不曾了解的真相，如徐徐微风，流淌时光，那灵魂中的部分，又被建筑所带走，无语；也许我就该是生活在房屋灵魂中的精灵，疲惫且投入，妄言妄语中探索着建筑中存在的秘密，兴奋而激动。

顶部做法

顶部做法其实也不用太多介绍，构造与地梁、墙板相交处的做法是相同的。木屋整体上可以看作是一个方形的木头盒子，打个比方，如果有巨大的洪水来袭，这种房子应该可以变为一个封闭的木头船，整体漂浮于水面之上，而不会被冲散，这就是木屋的好处。从顶梁处可见，其与墙体的相交处，

并不是架在其上,而是墙梁掏空多半后,房梁塞在其内,房梁被固定得极为严实,其上再设顶板,一般木屋并不设吊顶层或是纸糊的顶棚,所以成型的样子也就大约是如此;与我老家的偏房一样,不过在这里,主屋并不会有额外装饰,更加直接。

木屋与砖混结构最大的区别是,砖混结构的木材都是作为梁柱使用,起到主要受力的作用,其余填充部分则多是受力的薄弱点,只有插接而不是榫卯的部分也会寿命打折;而木屋结构中,梁、柱与墙、地所选用的木材差别并不大,均是大木头,没有结构的薄弱点存在。可想 200 年的使用寿命并不是凭空产生的,仅靠着保护确是难以实现的。

这是属于森林地带的特有财产,别的地方也难以比较,是建筑界的另外一种奢侈。其实不管是圆木还是方木,其实都是好质地,平整挺拔,树结很少,适于建造。松木自身的那种芬芳,可能有些人不能接受,我却很喜欢这种自然的味道,我很喜欢吃松子,对于松子的味道也倍感亲切。对于任何事物的好感憎恶,都是性格使然,是性格的自然流露,如这松树的体香。如对比虚心的竹子,松树的挺拔更像是一种男性化的特质,坚定、坚强、坚韧,那是一种力量的体现。闻到的不只是清香,也是一种自然界的味道,是自然与内心交融的纯粹,交融之处就是对于建筑的理解与共鸣。那是属于松木建筑特有的风骨,是材料气质与建筑风格的完美契合。

采暖系统

采暖系统是我熟悉的，在这里可以见到另外一种模样，十分亲切。西伯利亚的冬天是十分难熬的，即便保温做得很好，也有毡条层，但零下40°C 的温度还是很快就可以把人“冻死”，所以采暖设备就显得十分重要。鉴于俄罗斯地处东西方世界之间，壁炉是西方社会的产物，而壁炉后面的火炕则是东方的产物，两者完美结合在一起，让人觉得这样的功能在木屋中实现，看似有难度，却是最好的选择。前面白色的部分为壁炉，后方挂着帘子的自然就是火炕。如果为多层建筑，则壁炉会向上砌筑，通到二层，给上层供暖，这与我们平房采暖使用的铁皮炉筒功能类似。之前所见多为单独壁炉，但只有将壁炉与火炕完美结合起来，才可以真正解决寒冷地区的取暖问题，所以这个做法更适合居民住宅。

当然也有不解的地方，就是火炕的炕檐太高了，足有一米五高，不了解为什么不能降低一些，方便人上下呢，毕竟夜里如果上厕所，摔一下怎么办；可能是我多虑，或是解决的技术难度太大，因此，多设置了一层炕檐，方便上下，弥补了这个缺陷，只是仍不能算是完美。

外挂楼梯

照片中表示的是一个外挂楼梯的做法，这栋房子是个新建成的展品，

确实为展品,出自房屋博物馆,不老旧,不过确很典型地表达了室外楼梯的做法。当把这个部分表述完成,一栋木屋的剖析也就渐渐完成,并不再有什么奥秘,作为一个普通观者,应该会有一个大概的认识。

人生路漫漫,要走的路很长,要了解的东西也很多。关于这些建筑构造,其实早有各种权威的介绍,但对我而言,更愿重新按我的理解,再去解读一遍。如同一个探秘者,从小就喜欢了解一些秘密,长大后依然如此;曾经火力壮,在成年之后,依然如此,把自己焚烧殆尽,可能自己就是烈马、飞蛾、火把。在后来的这些年中,懂了一些危害,一直寻找着让自己安静和平复的办法,但是确实不多,也是无奈。焦躁中的情绪,让我无所适从,没有办法,只是知道尽力飞奔,觉悟的速度和燃尽的速度哪个更快,哪个就决定了生命的结果。到了这一刻,肩颈压迫神经已经极为难受,五、六节颈椎突出,但还是在想这部分结束之后,再写点什么,哎,已然不可救药。这可能就是生命真正极致的那部分功能,可以让自己感动落泪,也被别人所不了解,但每个人都有这部分内容,只是我们看待的方式不同而已,却都是属于自己的挣扎和反抗。

说得太多旁观之人看着累,还是来介绍这木屋技术层的最后一点吧。楼梯的重点就是伸出的层梁,工艺的意义与吊脚楼完全一致,但是具体的材料略有差别,它采用了双层梁的结构,双层的层梁嵌套在双层的梯梁之中,工艺仍是相互掏空一部分,严密地塞入贴合。双层梁的做法,不用多说也是为了更加牢固,或是俄罗斯人的体重较大,或是觉得单层的安全性不够高,或是显示牢固和富裕。其实在吊脚楼的楼梯结构中,我们更多的是采用单层梁的挑出,实际使用中也并没有什么问题,不过话又说回来,这里有的是木材,为什么不奢侈一点呢?好吧,也许这是唯一合理的解释,梁架好后,搭上梯子即可,上层的梯梁则竖起了栏板,作为栏杆使用,两个字就是——结实。

毁坏

毁坏本来该是个主题,但是放在国外建筑上,表达却并不容易。收集资料对我来说实在太难,意大利可以,因为有罗马古城,其余的国家我并没有什么可写,早前去的几个国家都是发达国家,并没有什么机会能够深入了解那些老房子,去过之处也太少,而未来也不知道还会去哪里,充满未知,因为焦虑,心存惧怕,不敢出行。还好,俄罗斯的木屋让这本书不至于那么单薄,无意间的发现,却是损坏最好的表达,虽然毁坏严重,却依然保留着完整的样子,没有坍塌,堪称顽强,足以证明木屋的坚固,也足以拿来展示这个城市的历史了。

由于木质结构最大的天敌就是火,伊尔库茨克每一次城市大火都会毁坏一些著名的建筑物,历史多有记录。但对于这些木屋总有残存的部分,从照片中即可见到,即便烧成木炭也岿然不倒,这就是想要表达的感觉。虽然有天敌,但木质是真好,故骨子里的基因决定了建筑底子,并未见到坍塌的废墟,更多见到的是一种抵抗,整体虽然成为木炭的样子,但是框架结构并没有发生变形,也未见倾倒的迹象。如同灵魂是强大的,身体毁坏后也可以体现出来顽强。建筑与生命一样,会结束,也会开始,每一个旧的结束,则是一个新的开始。不用猜测是不是有来生,那是一种杜撰,也是一种真实,并不冲突,肉体消失,基因继续,物质不灭,黑盒子之内

我们确实不知道是什么,但是结果其实就摆在面前,何必纠结。

前几天在微博上与一位建筑师辩论,他是希望拯救上海的某些老宅。对我而言,则已经过了那个痛心的阶段;对建筑而言,同样也有命运,必然结束是个结果,不能改变,只能改变过程的时间。几百年来那些老屋已经被现代的陈设彻底打败,空调、电线、水管、隔断,如同一个老者非得打扮得花枝招展,并不恰当。所以曾经痛惜,现在我并不惋惜,日子要向前看,让后人了解建筑的基因和灵魂。而单一的生命,如同我们的生命一样,没有丝毫意义;有价值的那部分是我们灵魂中闪耀的那部分,那些内容或是文字,或是音频、视频,记录下来仍可以给后人予以指引,那才是毁坏作品的价值所在。

世界之大,好看的巨作无一例外都是悲剧,如这残破的建筑,如这悲催的人生,如这悲壮的坚持;但既然想要成为伟大,则必然要接受那些苦痛,是主动接受而不是被动承受,即便还难以做到,但我们必须抛下过去,不断前行,要不然只有死路一条,停滞是没有出路的。如今天单位一位共处了 5 年的老者离职,心里就很痛苦,毕竟是一种分离,这在以前是不多见的,可能是情绪一直没有恢复的原因,也可能是真的老了,开始怀旧了。这些结果,或是分离,或是生死,都会接踵而至,但正确的办法只有一种,那就是坦然接受。生命之中,你是唯一的主角,并不是自私,而是你自己的熄灭,你的世界同时也土崩瓦解,所以坦然接受一切的失去和改变吧,那也是顺其自然。当我们开心地活在这个世界上,周围的人才会有意义;难得糊涂说得很好,是用艺术的角度看待建筑的死亡和生命的死亡。珍惜曾经相处的日子,未来的日子里可能不再有你,但会出现新的朋友,活着就是为了重新开始。

现代木屋

补充一种目前常见的木屋,是行程中比较多见的一种木屋,也是一种现代木屋的形式;放在最后来说,也许可与未来的行程相连接,虽然没有去过太多的地方,但这种房屋屡屡出现在西方影视作品中,让我记忆颇深,故拿来介绍。与传统材料房屋相比,这类型的房屋显得更为单薄,但也更为现代化;显得单薄并不代表实际上的单薄,主要还是因为现代加工技艺的进步,使木料可以规则、整齐地加工。另外也是木料的演变结果,很多情况下板材已不再是单纯的实木,合成材料如高密度合成板等,出现在新式的木建筑中,让建筑材料可以变得更薄,但更坚固,功能性也更佳。

这种独栋木屋多为两层,因为单层的使用面积较小,两层才可以基本满足使用空间需求,主要可能是基于成品木料的长度有限所致。由于内部的空间较小,所以室内没有条件设置楼梯,故多为室外的楼梯,同样看着较为简易和单薄。顶部设有双坡面斜顶,也是这种建筑最为显著的特点,优点是让二层房间的使用空间尽量变大,解决单一斜顶占用空间较大的弊端,同时又不影响雨水的排放,两层屋面可以减弱落水的能量冲击;缺点同样还是来自屋面,两层屋面导致上部屋面过陡,人工维护存在一定难度,能想到的缺点大概也就如此。这是木屋的当下形态,很有可能也是未来的发展方向,更为轻便,更为坚固,更为集成。

再见贝加尔湖

再见贝加尔湖,再见伊尔库茨克。如果风雨之后的天空总是如此恬静美丽,我想说的是,谁曾想到为了造就它而经历的地质变化、暴风骤雨、炙热冰冻;所以每个成功都有旁人无法看到的艰辛,于事于人都是一样。

行走一旦开始,就难以结束,一切的偶然又是必然的结果,一切的结束都会以一个新的开始为目的;所以生命的意义在于自己的节奏,以便让自己不只是奔跑,而是能有更多的时间去欣赏沿途之美景,截取的美景仅是世界留给我们的一个瞬间,永不再来。需让自己学会按节奏慢跑,是我这些年来一直努力在做的。重新上路,未知的前方,需有一颗懂得欣赏的心,不要渴望别人对你的怜悯,因为生命在自己的手中;学会看淡世间

冷暖,学会让自己不再被感情世界所累,学会坚定自己初见时的感觉,这是生命的节奏。坚定不只是坚持,是一种放下,也代表着一种人性的残酷;这种放下也许并不是一个39岁的人能够做到的,我太感性,太善良,不够冷漠,自己能够倚仗的只有运气,唯不忘初心,是我一直注视的前方,往前走就是。

生命如同大海,现有的航线只是别人的经验。如果你不羁人生,那你一定会进入不了解的世界,危机重重,狂风暴雨,害怕

已然没有任何意义，没有退缩的可能，惊慌之后的逐步冷静就是开辟的新航线，这是命运赐予孤独者的职责；其实，成功穿越迷惑是个大概率事件，说直白点就是四十不惑的一种自然解释。今后该明白的都会明白，该经历的也都会经历，如坐过山车之前的恐惧，真正经历之后，才发现很安全，并没有那么糟糕；因此，要感恩生命给予你这个机会，一个改变自己、重塑命运的机会。

结束也是开始

我的行李箱在这照片中误入，但不影响这个木质建筑的精致和可爱，这是临走前专门入住的一个酒店，叫作尼克拉复古博物馆酒店。它确实为一个博物馆，陈设着各种老物件，种类丰富，内容不限，从钟表可以一直延续到黑胶唱片，均放置于房间之内，可使用，可阅读，再不济也可以欣赏，并不影响居住，淡淡的木香就是这里的体验。而我则看重其作为木屋的极致表现，这栋房子无须考证其建造年代，其自身所带的物品已经足以表达它过往的历史。这是一栋升级的木质建筑，作为本书结尾，十分恰当。

真正的奢华从来就不需要过多雕饰，如这房子，它涵盖了所有能见到的木质建筑形式；花园点缀其内，烦琐但并不凌乱。从外表看则是一个另类的建筑、一个不羁的浪子，却风采迷人；白与黑的色调，大胆且直接地表达了主人的性格。屋后则是茫茫的原始森林，这里则是自然与人类生活的分界线，而好的建筑必然交融于此。我找寻不到的建筑真理，或藏于其中，表达大胆而坚定，却又是柔情万种，其性格必定与主人一致，蕴含生命的建筑就该是如此吧。

应该有爱才会如此，工匠精神雕琢而出。想说未来我也要建造一座如此的房子，要用我的双手雕琢，用双手表达，那才是属于自己的建筑。人生短暂又漫长，时常遇到心情不好、运气不佳、潮起潮落，又有几人能看淡风霜；我亦如此，遂不强求自己，因我们的寿命没有那么长久。

我所不能表达的是我所不能看到的，我所能够表达的，或是别人还没有看到的，关于建筑也是如此吧。本书记述了木质建筑、石砌建筑、砖木建筑，但仍疏忽了太多的主流建筑，因为自己也不知道，角度有限，视野有限；但不知不觉中，已然跨越了时空，已然跨越了距离，这就是本书深层次的关联，虽然简单，但确是一个初具雏形的立体网络。希望读者可以感觉到我的整个世界，简单且真诚，去寻找共鸣。

关于未来，尚不了解在何方，但关于生命的改变确实才上路，下一站会在风雨之后，期待再见吧！

后　记 | POSTSCRIPT

想想还是提笔写一个简短的后记，因为不了解何时才能再次成书。写书的辛苦，与灵魂的煎熬成比例，而我只是写了小书，浅尝辄止，因为悟出了这其中的精神输出，极易变得不可自拔。另外一面，出版受阻，投稿屡次受挫，充分体会到不是有付出就能有收获；被拒稿的次数多了，心里同样苦，信念被消磨，渴望完美的人，却不得不接受不完美，失落无以言表，继续下去变得没有了意义。所以我决定短暂地放手，不仅是写作，更是生活；于是便读懂了金庸先生的封笔，也理解了文学之路为何为苦旅。

本书如按年龄来看，也许只代表人生半数旅程，未来时光或漫长，能够脚步、笔端到达之处或会很多，内容或更丰富，但一定不会再有 40 岁前的勇气和执着。曾经的义无反顾、曾经的不服输、曾经困难中的坚持，是人生总该有的一搏；凡人不甘平庸的挣扎，被演绎得淋漓尽致，却只属于年轻。人并不是年长就活得明白，于网络、现实中，偶见老人们的狭隘，不相信他们天生如此，或也曾有巅峰，只是错过了，或是被生活改变，不仅是身体，思想也受影响，变得不再清醒。所以在自己生命巅峰之时，努力写作并没有错，而是机会，现在的高度，未来并不可及。因当下我踏入了 40 岁，在四十不惑的背景下，已深感心田枯竭，过度利用的精神，如同过度开采的资源，不太可能重生，剩余的灯油不多，故决定把这尚存的记忆记录下来，否则转瞬即逝，避免未来变得懒惰、胆怯，不敢出版，留有遗憾。当下有想法、有勇气的时候需要努力地奔跑，年轻本身就是一种纪念，在最好的时光留下最美的文字，多年后即可见青涩的魅力，也不枉年轻一回。

建筑世界大千，但建筑主要表达的内容是不变的：一个是外塑的居住功能,大同小异,只是材料有所不同,技法稍有差异;另外一个则是与人有关联的灵魂归宿,所以每一栋建筑或表达了建筑师的理念,或融入了居住者的性格,这才是建筑有意思的地方,也是我把建筑变为一种哲学的初衷,是凡人能够看懂的哲学,也是凡人能够看懂的建筑,不是因我的文字,而是建筑密码本就如此,解读后,不只是居住,更是生活的内涵、生命的意义以及灵魂与肉体的关联,所以建筑区域特点明显,与区域的人们性格又完全匹配,这就是内在的相互影响。

出版社编辑邓老师曾问我,书中国家的选择会不会略显单薄且不甚考究。其实于我而言,一个国家都完全足够,甚至一栋房子都可以,只要你用心去分解建筑,发现那些容易忽略的细节,你就会发现微观中也有宏观的一切,所以建筑本身蕴含的哲学有很多。我所能够理解的实在有限,但已然觉得唯美贴切,如同老友,不再需要过多的言语介绍,只需要用心体会。现在,要表达的内容都表达了,本书也即将完成,事实也确实如此,一切变得自然,生命长河中留有他们的印记,心随他愿,心随我愿。

之前我的每本书结语都会说自己太累,这本书不想再如此表达,因没有新意,生活已经翻篇,我也不再是过去的我。我愿意把这本书的结束,作为一个新的起点、一个新的开始,放下那些痛苦,放下那些焦虑。生活不易的部分各有不同,仍需要每个人想办法自己解决,书中只是启发,而非办法;但快乐在人间却没什么差别,文字富有生命,不存在哀伤与快乐,快乐地表达,岂不更好,拾起快乐的文字,同样可以感人,或更可以帮助失落者。以前我太看重悲剧的力量,但活着终究还是为了实现人生价值,为了健康,也是为了开心,何必为难自己。一个身影慢慢消失在迷雾中,这些年,这些书,代表着 40 岁之前所有的不解和疑问,虽是人生某一个角度的审视,但是太过沉重;而重新开始的部分,则会是另外一个维度,或是不惑,或是释然,名字不重要,只是不再为难自己,真正做到与自己和解。

致谢我深爱的人,我需要他们的理解、支持;也感谢我自己,因这人不值得同情,对自己不好,在质疑中义无反顾。每一部书都饱含心血,虽然文笔稚嫩。其实本来该落于尘土,凡人俗命,可叹命运抵不过我的死缠烂打,或因足够真诚,精神铸就,或因与魔鬼做了交易,用健康换取梦想,才打动上天,让我如愿以偿,同样给我一身伤痕;唯希望留给读者共鸣和觉悟,不枉所有的付出,而非失望。头发和胡子已白了一半,却无法后悔,也无法后退,因人生没有如果,不存在重新开始,曾经的无法自拔,本该如此,性格使然,那就如此吧;往后余生需要把这副烂牌打好,那些与建筑有关的爱恨情仇,抛给过去。

白永生

于 2018 年 12 月 5 日北京拥挤的地铁上